數位動畫設計

完全手冊

一本關於學習製作成功動畫所須具備的
原理、練習、技巧的教戰手冊

數位動畫設計
完全手冊

作者：ANDY WYATT

譯者：CORAL YEE

校審：邱顯源

新一代圖書有限公司

國家圖書館出版品預行編目資料

數位動畫設計完全手冊 / Andy Wyatt作 Coral yee
　　譯--臺北縣中和市：新一代圖書, 2011 .03
　　面；　公分
含索引
譯自：The Complete Digital Animation Course
ISBN 978-986-6142-05-5 (平裝)

1.電腦動畫設計 2.數位藝術

312.8　　　　　　　　　　　99025253

數位動畫設計完全手冊
THE COMPLETE DIGITAL ANIMATION COURSE

著　作　人：ANDY WYATT
翻　　　譯：Coral Yee
審　　　訂：邱顯源
發　行　人：顏士傑
編輯顧問：林行健
資深顧問：陳寬祐
出　版　者：新一代圖書有限公司
　　　　　　台北縣中和市中正路906號3樓
　　　　　　電話：(02)2226-6916
　　　　　　傳真：(02)2226-3123
經　銷　商：北星文化事業有限公司
　　　　　　台北縣永和市中正路456號B1
　　　　　　電話：(02)2922-9000
　　　　　　傳真：(02)2922-9041
印　　　刷：匯星印刷國際有限公司
郵政劃撥：50078231新一代圖書有限公司
定價：520元

A QUARTO BOOK

First edition for the United States, its territories and dependencies,
and Canada published in 2010 by Barron's Educational Series, Inc.

Copyright © 2010 by Quarto Inc.

All inquiries should be addressed to:
Barron's Educational Series, Inc.
250 Wireless Boulevard
Hauppauge, NY 11788
www.barronseduc.com

ISBN-13: 978-0-7641-4424-0
ISBN-10: 0-7641-4424-3

Library of Congress Control Number:
2009925592

QUAR.DAC

Conceived, designed, and produced by:
Quarto Publishing plc
The Old Brewery
6 Blundell Street
London
N7 9BH

Senior editor: Liz Dalby
Picture researcher: Sarah Bell
Design assistant: Saffron Stocker
Art director: Caroline Guest
Designer: Karin Skånberg
Creative director: Moira Clinch
Publisher: Paul Carslake

Color separation by Modern Age Repro House Limited
Printed in China by 1010 Printing Pte Ltd

987654321

目　錄

前言

動畫就是在一格一格的圖像上做文章。當這些圖像按照一定的次序快速地播放出來的時候，就會讓觀看者產生圖像在動的錯覺，動畫也就應運而生了。在動畫的這個定義中，我認為最讓人覺得妙趣橫生的是"錯覺"一詞，因為這個詞準確地概括了所有動畫創作人員所從事的工作——從某種意義上講，他們都是不折不扣的幻術師。

從20世紀30年代起，製作動畫的技巧和原理一直都沒有發生太大的改變。但現在，動畫藝術家們可以借助當代的數位動畫技術創作出令人嘖嘖稱奇的圖像或鏡頭，這在幾年之前還是天方夜譚，在70多年前更是異想天開。儘管如此，動畫從本質上來講還是和從前一樣。數位技術是非常實用的工具，可以簡化創作過程，從而提高創作效率，但是它對提升動畫製作人員的創造力毫無幫助。總之，數位技術需要認真學習，並通過實踐慢慢塾練。本書旨在展示數位技術對於現代動畫製作過程所產生的影響。

一個飛速發展的產業

數位動畫是創作產業中讓人激情澎湃的一個組成部分，正在經歷著日新月異的變化。幾乎每一天，人們都會接觸到五花八門的動畫形式。廣告、電影、視覺特效、電視和遊戲產業是數位動畫的大舞臺，但是新興的數位媒介，包括網路、移動電話技術和以iPod為代表的可攜式娛樂產品，都為動畫提供了可以大展拳腳的新平臺。其他一些應用數位技術的領域也正在經歷一個迅速壯大的過程，如現場表演、公司或企業的宣傳活動中，都越來越多地在使用數位技術。前者包括演唱會或俱樂部活動的動畫背景，而後者則涉及到醫療職業等，因為在對人員的培訓過程中也會應用到數位動畫。

本書旨在讓讀者對數位動畫製作流程的概況有一個大致的瞭解，書中包括從構想到最終完成的所有環節，同時突出強調了動畫製作過程中許多創造性因素。

在此，我要感謝我的妻子海倫無私的幫助和大力的支持，還要感謝她能夠容忍我在很多個週末把所有心思都花在這本書上。此外，我還要感謝法爾茅斯大學學院的師生們，書中收錄的很多圖像都是他們所提供的。

安迪・懷亞特 （Andy Wyatt）

關於本書

本書旨在向學生和動畫領域的新人介紹數位動畫的製作流程，包括從最初的概念設計到最終完成的每個步驟，涵蓋製作過程的每個環節。

參閱
指明與講解內容相關的篇章。

作業
學習完某種技巧之後，不妨馬上投入實戰，檢驗這種技巧在實際操作中的效果。

正文
本書條理清晰，按部就班地引領讀者熟悉數位動畫創作的基本流程。本書可以劃分為三個獨立板塊，即前期製作、製作以及後期製作。此外，本書還另闢一章，介紹如何以職業人的身份進入動畫製作行業。

實用術語查詢
本書第138　140頁是解釋技術辭彙或專業術語的辭彙表，非常實用。

技術索引
每個技巧都逐條列在"技巧索引"這個板塊中，使讀者對整章所有的篇幅一目了然，知曉每一小節前後的相關內容。

視覺素材
從專業的動畫作品中截取圖像，既能突出動畫製作領域的關鍵題材，又能展現數位技術在該領域的實際應用情況。

建議
數百條小建議，可讓你如虎添翼，有助你成為動畫行業銳意進取的專業人才。

數位工具

就在幾年前，一些成效卓著的數位動畫工具還壟斷在少數專業工作室的手中，而現在這些工具已經成為一般動畫製作人的囊中之物。在躊躇滿志、想要成為數位動畫設計師之前，有幾方面你一定要考慮到。

硬體

在衡量電腦是否能用於數位動畫製作時，要考慮到以下因素：首先，必須選擇優質顯示卡，以保證能夠顯示高解析度的圖像。其次，電腦還要有較大的記憶體，因為許多軟體運行起來會佔用大量的記憶體。此外，還要有足夠的硬碟存儲空間以便保存作品，這個問題可以通過外接硬碟來解決。另外，還需要買一個大點兒的顯示幕（也可以是同一個處理器使用兩台顯示幕），這樣不僅在查看多個同時打開的視窗時會比較方便，而且還可以避免眼睛過度疲勞。使用蘋果或其他品牌的電腦都可以，因為大多數軟體都能相容兩個平臺的版本。

對於數位動畫而言，其他幾種輔助設備同樣不可或缺。例如像wacom這樣的手寫板會大幅度降低數位繪圖、上色和設計環節的難度；而掃描器則可以將素描、設計圖、材質、背景圖以及其他紙質的藝術作品轉換為電腦可以識別的影像格式後輸入電腦。數位相機也會派上用場，尤其是在搜集各種材質時會非常有用。

► **數位工作系統**
常見的數位工作系統帶有兩個顯示器，以及一個用於數位設計和繪圖的手寫板。

軟體

現有的每種動畫技巧都可以通過應用專門的數位技術得以實現，這些數位技術大致可以分為以下四種。

- 動態捕捉軟體，用於將物體運動過程的圖像數位化，從而應用於數位停格動畫中。
- 數位2D軟體，用於製作"賽璐珞"卡通動畫（以釐米/秒為速度單位的傳統膠片動畫）。
- 數位3D套裝軟體，用於3D動畫中由電腦生成的圖像的造型、動畫轉換以及描繪環節。
- 合成軟體，用於將多層次的動畫效果融為一體，通過進一步加工製成最終的複雜影像，通常應用於視覺特效領域。

Flash的使用

Flash是一種多功能的軟體套裝軟體,用於製作2D的線性動畫或互動式動畫。Flash作品可以輸出到電視、網路以及移動手機等平臺。Flash應用向量技術,同時也支援點陣圖、視頻以及聲音。利用軟體所提供的繪圖工具能夠創造出純色、帶有漸變效果或點陣圖紋理的線條和色塊。濾鏡效果只有簡單的幾種,包括blur、shadows、glow以及bevel。收藏中的"symbols"項中存儲了許多圖像和影視剪輯,可以在動畫中反復應用。Flash能夠在短時間內完成動畫製作,從這個意義上來講,它是一款不可多得的動畫製作軟體;同時,因為使用向量技術,檔所占空間較小,易於操作。如果想要得到更為豐富的視覺外觀,也可以將Flash與After Effects軟體結合應用。

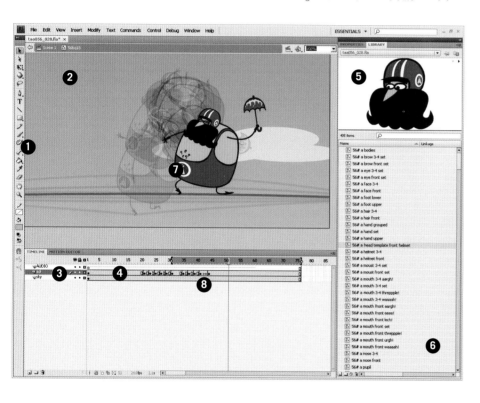

一些重要工具

❶ 工具箱:所有常用工具都放置在這裡。

❷ 動畫顯示在舞臺上,舞臺的尺寸可以隨意調整。

❸ 這裡只有兩個圖像圖層和音頻參考層,但在Flash軟體中實際上有好多個。

❹ 添加關鍵格,在時間軸上編輯時間。

❺ 收藏夾中存儲的靜態圖像、動畫、音頻和視頻元素都列在"symbols"項下麵。

❻ 人物構成元素可以在動畫中反復使用,適合製作速成高效動畫,這種動畫作品編輯起來也比較容易。

❼ 同時顯示動畫所有動態圖像,供動畫師更有效掌控每個圖像精確位置。技術可以讓使用者在任何一個時間點看到多幅關鍵格。

❽ Flash軟體帶有自動的"motion tween"(動作內插)動畫功能,同時Flash軟體也允許使用者以逐格完成的方式製作動畫。

➤ 逐格製作

在時間軸上可以使用關鍵格、中間格以及"motion tweening"符號,從而應用逐格製作的傳統方式來完成動畫作品。

➤ 向量圖像

使用Flash軟體處理的不是點陣像素,而是構成向量元素的點,這種方法在創作簡單明瞭的高解析度、可延展圖像時能大顯身手。

Toon Boom的應用

ToonBoom動畫軟體是製作傳統膠片動畫（賽璐珞動畫）、剪紙風格的木偶動畫以及將膠片動畫和木偶動畫隨意組合的動畫作品的絕佳選擇。使用者可以運用傳統方法將圖像掃描進來，或者應用可選的繪圖工具完全通過數位的形式進行創作。相較於其他動畫套裝軟體，ToonBoom的向量化工具非常高效，同時，它還是一種非常強大的合成工具，可以將電腦動畫或真人實景融合起來，從而使合成處理後生成的檔與運用ToonBoom軟體製作的動畫結合在一起。該軟體的工具對於工作時使用其他2D套裝軟體的動畫製作人員來說都是非常熟悉的。作業空間可以隨心所欲地進行調整，這樣使用者就能最大限度地利用空間，從而滿足每位動畫製作者的需求。

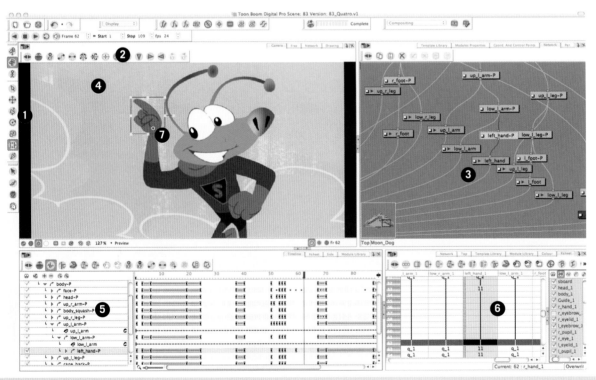

一些重要工具

❶ 繪圖及動畫工具。
❷ 動畫及鏡頭移動工具。
❸ 網狀視圖（這項工具是對多張繪圖的圖像描述，能夠讓使用者將自己的圖像合成在一起）。
❹ 攝像機視圖（能夠向使用者展示各格的最終效果，同時使用者還可以在該視圖中操控相機主視角）。
❺ 時間軸視圖（使用者也可以直接在時間軸上製作動畫）。
❻ 律表（應用于傳統動畫）。
❼ 變形工具（如圖所示，使用者選擇了角色手的部分，然後按照時間的推移逐步描繪手的動作）。

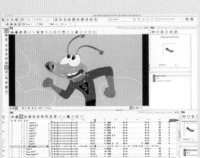

➤ 在動畫中實現口形同步

使用者要為角色不同的口形製作相應的頭部圖像。通過選擇嘴部元素，動畫設計師可以滾動圖像列表，讓圖像顯示在特定的、對應的某一格上。同時，動畫設計師還可以將作品重播，然後通過交互的方式進行更改。此外，Toon Boom軟體還有一個自動的口形同步模組，這個模組可以分析並譯解音軌，然後為使用者自動添加對應的口形。

Maya的使用

Maya是美國Autodesk公司開發的一種3D動畫軟體,廣泛應用於娛樂產業。Maya多用於真人實景的電影、片長較長的卡通片,或者電腦遊戲特效的製作。Maya軟體和2D的套裝軟體相比,不同之處就在於它加入了Z軸,而傳統的2D軟體只設置了X軸和Y軸。引入Z軸之後,使用者就可以運用Maya軟體創作3D作品了。Maya的介面比較複雜,可能會讓那些初學者望而卻步。

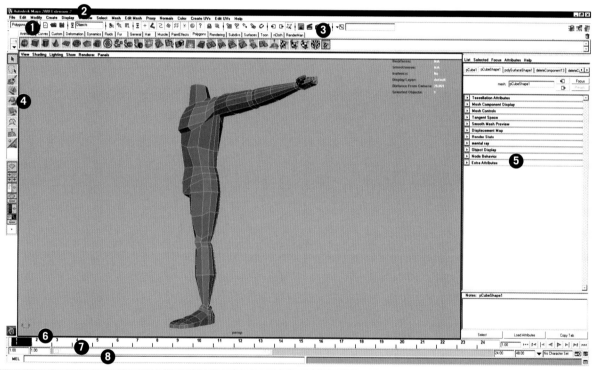

一些重要工具

❶ Maya軟體介面中最重要的特點之一就是功能模組。

❷ 稍加改動,這個選單欄就會變為主選選單欄。Maya軟體中有六個不同的模組,它們都是由功能模組控制的。

❸ 這些功能表中的一些選項同時也存儲放在shelf(工具架)上。

❹ 工具箱:Maya軟體最常用的工具都存放在這個板塊中。

❺ 通道欄、屬性編輯器和工具設置都位於這個區域。使用這些功能表,使用者可以進入與Maya軟體中的物體和節點相關的多種設置。

❻ 通過使用時間滑桿,使用者可以移動時間軸,到達動畫中特定的某一點。

❼ 一個動畫場景會持續一定的時間,範圍滑動桿就控制著軟體會顯示這個場景多少片長的內容。

❽ 指令列用於輸入Mel指令。Mel是使用者可以輸入的編程語言,通過這種嵌入性語言,使用者可以實現Maya軟體中的某一功能或某些功能。

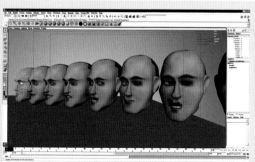
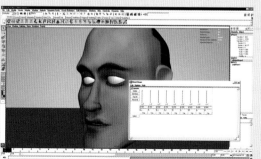

◀ 口形同步的幾何體

(最左端)使用者製作了一系列幾何體,用來完成口形同步的動畫。

(左圖)最終完成的幾何體包括通過融合變形器添加的所有不同口形。這樣,使用者就可以通過融合變形器視窗來設置關鍵格了。

前期製作

每部優秀的動畫作品都是從一個構想開始的。讓這個簡單的構想逐步展開，並最終完成一個影片是一項充滿挑戰的工作，也是一項可以讓設計師的創造力大顯身手的工作。這一章節中，我們將探討動畫製作流程中的第一個階段，也就是被稱為"前期製作"的階段。前期製作這一環節涉及到很多工作，包括編寫劇本、創建故事板、調查研究、概念創作、人物設計、場景設計，以及一些組織性的工作，例如籌集資金、安排時間等。

前期製作基本原理

前期製作是動畫製作流程中一個非常重要的環節，但是人們通常沒有給予這個環節足夠的重視。在這個環節中，動畫設計師需要把自己所有的構想、設計理念以及統籌規劃融為一體。

每部優秀的動畫作品都是從一個構想開始的，這個構想的靈感可能來源於你在乘坐公共汽車時突發的一個奇思妙想，可能是你正在和朋友興致勃勃地討論的一個話題，也可能是一個短篇小說或是一個小故事帶給你的靈光乍現。從本質上來講，構想的產生完全是偶然的。但是以這些構想為基礎，最後創作出一部優秀的動畫作品，這就絕非易事了。從某種程度上來講，這是對動畫設計師創作力的考驗。在這一章節中，我們就一起來探討動畫製作流程中的第一階段——前期製作。

前期製作就是將最初的設想不斷發揚光大，待一切準備就緒後，就可以著手進行實際動畫製作工作的過程。從兩方面來講，前期製作環節是至關重要的。首先，需要確定想要完成的動畫作品的故事結構是完善的，人物和場景部是經過精心

設計的，故事的發展方向和作品風格也已經經過深思熟慮。其次，需要確定作品具有較強的可操作性，並且計畫詳盡周密。許多在動畫史上可能會成為經典的作品到最後都以失敗而告終，原因可能就在於相關人員的規劃工作沒有做好，或是這個作品從一開始就沒有達到切實可行的要求。動畫製作的成本非常昂貴，如果沒有經過周密的規劃就倉促開始，製作人員最後將會面臨滅頂之災。如果在前期製作階段就將所有問題考慮周詳，想好對策，要遠比把它們留到製作過程中再解決要好得多。

前期製作環節涉及到的工作包括編寫劇本、創建故事板、調查研究、概念創作、人物設計、場景設計，還有其他一些組織性的工作，例如籌集資金和安排時間等。

➤ 構想

每部動畫作品都是從一個構想開始的，生活中的方方面面、點點滴滴都可以成為設計師的靈感來源。設計師可以隨身攜帶一個速寫本，這樣每當靈光一閃時，都可以馬上記錄下來。

➤ 編寫劇本

設計師將自己所有的構想梳理成一個合理的結構，到最後完成一部動畫作品，這是一個循序漸進的過程。而一個好的劇本更能讓最終的動畫作品妙趣橫生，情節扣人心弦。

人物設計

這一步驟將決定動畫作品的整體外觀,設計角色和場景時一定要保證二者與劇本的風格相等。概念創作工作也是在這個環節完成的。

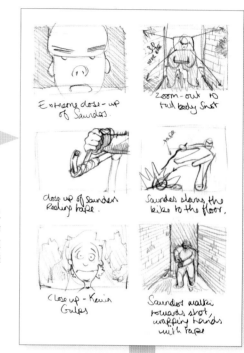

創建故事板

結束了人物設計、場景設計和劇本編寫工作後,前期製作中的下一個步驟就是製作一個故事板,用直觀的方式勾勒出故事梗概,然後再進一步規劃電影的節奏和具體的設計理念。

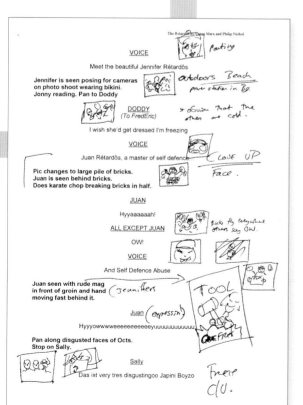

安排時間

在進行具體的動畫製作工作之前,要對項目進行合理規劃,同時製定時間表和預算表,這樣影片才能在時間計劃內完成,同時也能有效控製製作成本不超出預算。

	Week 1	Week 2	Week 3	Week 4	Week 5	Week 6	Week 7	Week 8	We
Research									
Script									
Storyboard									
Design									
Modeling									
Animation									
Backgrounds									
Compositing									
Rendering									
Sound									
Editing									
Delivery									

Animation Schedule

參閱：故事研究（第18頁）、圖像研究（第20頁）以及編寫劇本（第22頁）

構想和理念

創作動畫作品需要構想，下面列舉一些尋找構想的好辦法。

尋找構想時切忌坐在那裡對著一張白紙或是空曠的電腦螢幕絞盡腦汁。通過這種方法，可能想破腦袋也想不到。這是因為人腦的工作方式十分複雜，尋找構想時需要刺激大腦中負責創造性思考的部分。

準備就緒

靈感總是不分白晝黑夜，毫無預兆地突然閃現。你是不是也有這樣的經歷：做了一個美妙的夢，但是早上起床的時候卻忘得一乾二淨？你是不是常常和朋友聊到什麼的時候津津有味，但是回頭卻對剛剛的話題沒有一點兒印象？為了應付這種情況，你可以隨身攜帶一個速寫本或備忘錄，這樣每當靈光乍現的時候，都可以馬上寫下來。喜歡輕裝上陣的朋友也可以使用袖珍型錄音筆，這種設備在記錄靈感素材的時候也能派上用場。

集思廣益

大家可以以兩個人為單位或是以小組為單位，然後暢所欲言，集思廣益。這種方式主要是為了收集脫口而出的建議。找一個相對安靜，不易被打擾的地方，在開始之前，大家需要對以下事宜達成共識：

- 每個想法都會被記錄下來，無論其他成員的看法如何；
- 無論某些想法看起來多麼離經叛道、多麼荒誕不經，都是可以接受的；
- 重要的不是想法的品質，而是數量。

同意這些條款之後，小組成員就可以開始大聲說出自己的想法了，刺激思維快速運轉，進行創造性思考。這一過程結束之後，就會得到一張記錄著大家想法的單子。接著就可以從頭到尾仔細研究，然後選擇一個想法，這個構想就是動畫作品的雛形。

◥ 袖珍型錄音筆
袖珍型錄音筆是記錄靈感的理想工具。

思維導圖

思維導圖是一種運用聯繫和想像把自己的想法勾勒出來的簡單圖示。下麵是從托尼·布贊（Tony Buzan）的網站www.buzanworld.com中截取的一段文字。

完成思維導圖需要具備哪些要素？

製作思維導圖非常簡單易操作，只要具備以下要素即可。

- ★ 空白的不帶條紋的紙；
- ★ 彩色鋼筆或彩色鉛筆；
- ★ 你的大腦；
- ★ 你的想像力。

如果能保證每天都使用思維導圖，你會發現自己的生活從各種層面上來講都變得更加豐富和充實，也更加成功。你的構想和大腦的擴展能力沒有界限，也沒有人規定你一生中到底會產生多少構想和念頭。也就是說，使用思維導圖來幫助自己功成名就的方式也是無限的。

▼ 思維導圖
以邁克爾·法拉第（Michael Faraday)為主題的思維導圖。

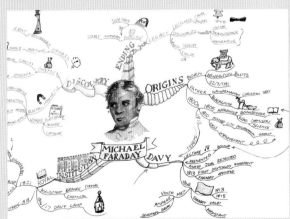

思維導圖商標的使用權由托尼·布贊（網址為www.buzanworld.com）友情提供。

關於構想的建議

- 隨身攜帶一個速寫本，因為你無法預計什麼時候要把想法記錄下來，或用素描表現出來。

- 盡可能多看動畫片，可以讓想法與時俱進，見解新穎獨到。

- 樂於與他人討論你的構想，談談這個構想最終要面向哪些觀眾，以及他們的喜好。

- 訂立一個時間表，督促自己在計畫時間內完成工作。

- 如果心灰意懶，不妨先將構想擱置一兩天，稍加修整後再進行。

◖ 速寫本

速寫本透露出主人特立獨行的風格。你所有的構想、理念、隨手塗鴉的想法和素描，都在這裡展現，最後發展成完整的作品。你應該讓自己的速寫本充分展現自己的風格。

◖ 創作過程

在創作過程中，你的工作室或是作業空間可能會亂得一塌糊塗，所以你可要當心啊！但是有位智者也曾經說過：「混亂中自有創意。」

◖ 以詩為主題的動畫片

這是動畫設計專業的學生威爾・鮑舍(WillBowsher)速寫本中的一頁。他試圖通過圖像語言進行思考，完成一部以一首詩為主題的動畫作品。

🗀 作業

在一張大紙的中央畫出一個人物（這個人物必須是原創的，而且目前你對這個人物的所有特徵還一無所知）。接著，按照左頁方框裡所說的方法建立一幅思維導圖。最終的成品要包含關於如何發展人物形象的創造性想法，但不能晦澀難懂。

參閱：圖像研究（第20頁）、編寫劇本（第22頁）以及角色設計（第40頁）

第一章
前期製作

故事研究

無論你在製作動畫的過程中打算採用哪種風格、哪種技巧，每部動畫電影都有一個共同之處，那就是它們都有精彩的故事情節。

作為一個特別的物種，人類講故事的傳統可以追溯到幾千年以前。有些學者認為，故事的類型是十分有限的。克里斯多夫·布克（ChristopherBooker）在他的《七大基本情節——為什麼我們還在講故事》（TheSevenBasic Plots－Why We Tell Stories，2004年由Continuum出版社出版）一書中，提出了自己的理論：無論故事的具體情節如何跌宕起伏，究其根本，每個故事都逃不開七大基本結構。這七大結構如右所示。

1. 降妖伏魔
2. 白手起家，衣錦還鄉
3. 上下求索
4. 旅途與歸程
5. 喜劇
6. 悲劇
7. 重生

關於故事的建議

- 讓自己的想像天馬行空，恣意遨遊。在動畫的世界裡，一切皆有可能。你可以應用各種技術，惟一可能限制你的就是你的想像力。

- 為故事中的每個角色構建一個非常詳細的人物檔案。

- 做一個情境測驗。隨便構建一個情境，想像一下這些人物在面對這樣的情境時會作出怎樣的反應。

- 一個故事必須有開頭、中間部分和結尾，但是不一定要嚴格遵守這個順序。

- 仔細觀察，認真研究某類人的行事方式，以及他們遇到某些狀況時會如何反應，這樣才能使自己塑造的人物更加真實。

- 在故事情節中一定要設置衝突因素。衝突因素能夠有效推動影片中故事情節的發展。

► 降伏怪獸
降伏怪獸"是眾多故事情節中一個屢見不鮮的惡俗主題，也是許多動畫電影常用的基本情節之一，比如《金剛》（King Kong）。

衝突理論

有一種文學理論叫"衝突理論",七大基本故事情節也可以套用這一理論。

1. 男人/女人 vs. 自然
2. 男人/女人 vs. 男人/女人
3. 男人/女人 vs. 環境
4. 男人/女人 vs. 機器/技術
5. 男人/女人 vs. 超自然能力
6. 男人/女人 vs. 自我
7. 男人/女人 vs. 上帝/宗教

♥ 飽滿的人物形象

好的故事情節中,至關重要的一個方面就是人物角色要經過仔細揣摩,人物形象要飽滿。有一種很好的檢驗方式可以考察自己是否做到了這一點,那就是把這個角色放到一個具體的情境中去,然後想像一下這個角色會有哪些行為,會如何反應。霍莫·辛普森(Homer Simpson)就是一個成功的典範,因為無論遇到什麼狀況,你都可以輕而易舉地想像出他會做出什麼反應。

♥ 看電腦遊戲

真正優秀的動畫作品能像引人入勝的書或電腦遊戲一樣,讓人興致勃勃。四處尋找故事情節的過程中,不妨讓自己置身於五花八門的媒體作品中,使參考資料盡可能多樣化,例如借助動畫電腦遊戲等。

想讓故事引人入勝,就需要讓觀眾覺得自己能夠參與其中,我們可以通過多種方法來達到這個目的。例如,在電腦遊戲中,你可以假設自己是其中的一個人物,融入到遊戲中去;在商業廣告中,如果臺詞寫得精妙絕倫,廣告中體現的美學思想又能和觀眾不謀而合,那麼觀眾就會自然而然地對這種商品躍躍欲試;在觀看故事片的過程中,你可能有80分鐘的時間可以從自己的人生中抽離出來,進入另外一個世界,開始一段全新的旅程。如果觀眾無法和作品融為一體,那麼他們可能就會覺得自己上當受騙了。

最簡單的故事也要有開頭、中間過程和結尾。如果一個故事比較複雜,那麼可能會依靠迂回曲折的情節、剝繭抽絲的事、繁雜的次要情節、意義深遠的隱喻、象徵性的符號以及極富推理的 述方式來扣人心弦。

出色的角色研究工作也是至關重要的。角色之間的關係以及矛盾衝突是推動故事情節發展的有生力量。你不僅希望自己的觀眾能和故事融為一體,而且希望他們能和故事中的人物產生共鳴,從而對他們關懷備至。如果觀眾對女主角毫不在意的話,他們為什麼要對她可怕的殞滅而牽腸掛肚?你要保證自己塑造的角色真實可信,並對角色有一個深入全面的瞭解,對他們性格中的每一個細枝末節都瞭若指掌,清楚他們遇到任何狀況時會做出怎樣的反應。

♦ 歡喜冤家

通常情況下,矛盾衝突是推動故事情節發展和人物行為發展的關鍵因素。喜劇中的歡喜冤家,例如上圖中的雷恩(Ren)和史丁比(Stimpy),就是作者用來引導觀眾相信角色真實存在,並因此而對兩個角色關懷備至的一個典型。因為觀眾們知道,雖然兩人之間經常劍拔弩張,但在內心深處兩人卻相親相愛。

📂 作業

為自己虛構的角色建立一個人物檔案,這個檔案要盡可能多地包括關於人物的各種資訊,要像這個人物是真實存在的一樣。包括他們在哪兒出生,他們的父母是誰,他們喜歡什麼食物,他們喜歡什麼樣的運動,他們的朋友是誰,他們居住在什麼地方等資訊。在動筆寫劇本或是進行動畫製作之前,一定不要跳過這個環節。

參閱：構想和理念（第16頁）以及概念設計（第34頁）

圖像研究

一旦腦海中形成初步構想，就要在此基礎上不斷充實，使其最終發展為作品的雛形。

從視覺表現的角度來講，你希望自己的構想看起來是什麼樣的？你可能想要把故事的背景選在17世紀的法國、當代的古巴，或是未來。如果這樣的話，那麼作品中物品的外觀是什麼樣的？這種背景設置會對你的設計產生怎樣的影響？服裝、建築、風景、交通工具以及社會習俗等元素在動畫作品中至關重要，而且隨著時間發展和地域的不同會發生翻天覆地的變化。如果你想把構想設定在某一個具體的時間範圍內，那麼你就需要進行仔細的研究工作，以確保作品中涉及的所有事實都是準確無誤的。

動畫製作和拍攝真人實景的電影製作截然不同，後者通常情況下都會事先選址，然後到實景中進行拍攝工作，而前者只能呆在自己的工作室裡憑藉想像構建出場景的外觀。因此，對於動畫設計師來講，詳實的研究筆記和情緒板是非常重要的。

關於圖像研究建議

- 保持一個開放的狀態，根據自己設定的主題盡可能地多看相關的電影和電視節目，多讀書。
- 研究過程中不能完全依靠互聯網。
- 隨身攜帶照相機，隨時拍照。
- 時時刻刻考慮目標觀眾的需求。
- 人是研究資料的主要來源，什麼都比不上第一手經歷。
- 要找到第二種資料來源來支撐自己對於故事情節真實情況的描述。

實地考察

在製作《料理鼠王》（《美食總動員》，Ratatouille）之前，皮克斯公司專門派遣一組藝術家趕往巴黎，體驗這座城市的氣息，對建築進行素描或拍照，品嘗美食，感受當地文化。

現實參考資料

沃爾特·迪士尼（WaltDisney）總是鼓勵自己旗下的藝術家研究電影裡出現的動物在實際生活中的行為。在這張照片中，迪士尼正在給一隻企鵝餵食，為1934年即將製作的《糊塗交響曲》系列中《獨特的企鵝》（Silly Symphony Peculiar Penguins）篇章的藝術家錄製參考片段。

角色研究

在將塑造的角色轉化為動畫作品之前，要研究一下這個角色的行為方式。比如，在20世紀70年代住在紐約的20歲的男生和15世紀住在義大利的20歲男生，兩人的文化認同一定存在著天壤之別。動畫作品的風格一定要能夠體現這一點。

群眾研究

如果想要使你的動畫作品讓某一群體的觀眾愛不釋手，那麼你一定要瞭解這個群體，確保動畫作品的表現恰到好處。和那些可能會對你的構想感興趣的人好好談談，瞭解一下他們期待在你的作品中看到什麼情節。讓他們看看你的草稿，從他們那兒收集回饋意見。這些都有助於動畫作品最後的完美呈現。

製作方法研究

在製作電影的過程中你打算採取哪種方式？你想要應用的技巧或是採用的風格是不是可行？廣泛地徵求意見，無論你應用哪種動畫製作技術，都要和經常與這種技術打交道的人好好談談，從他們那裡瞭解更多情況。

視覺參考資料

情緒板是一種視覺參考資料，可以以此來確定電影的基調。寫意的色彩、設計、靈感、信手的塗鴉，還有照片都可以幫你找到自己想要的整體感覺。

整個時尚史的絕大部分時間都在追求細節和浮華。

在動畫設計中，要強調浮華的風格，同時簡化細節。

通過觀察帽子的形狀和結構……

動畫設計師對帽子的比例進行誇大，這樣就產生了漫畫效果。

♦ 服裝與道具

確保自己的設計方案是建立在正確的參考資料的基礎上。例如，服裝和時尚在不同的歷史時期和不同的文化背景中有很大的差別。這一點，要在你的設計中一覽無餘。現在能夠找到很多不錯的參考書，你也可以去博物館，仔細觀察那些館藏的服裝，從中尋找設計靈感。

◄ 情緒板

搜集一些能為自己帶來靈感的圖片，可以從雜誌上直接剪下來，或者將從互聯網上下載的圖片列印出來。把所有的圖片都貼到一塊大板子上，然後著手研究自己到底想要追求哪種感覺。思考一下色彩、圖案風格以及設計模式。明信片也是一種可以激發視覺靈感的參考資料。

參閱：故事研究（第18頁）、分鏡腳本（第24頁）與錄音（第52頁）

編寫劇本

編寫劇本的意義就在於將自己所有的構想和理念都集中融入到一個計畫中去，為動畫製作打基礎。

編寫劇本的過程由若干個步驟組成，只有完成了這幾個步驟，劇本才算潤色完畢。這一點是所有劇本作家都了然于心的基本常識。

劇本大綱

第一個步驟就是完成"劇本大綱"。大綱內容是對故事的情節、主題還有 述風格的一個概述，有時用一個段落就可以全部概括，但有時可能要寫上幾頁。在這一環節對故事作一個總結很重要，有助於作者梳理故事發展的邏輯順序。

故事概要

第二個步驟是理出"故事概要"。在這一環節，你需要勾勒出動畫作品涉及到的故事的基本前提、情節點，還有重要事件。你可以通過點句或手繪圖表的形式將構成電影基本框架的事件一一羅列出來。這個環節還不涉及到具體的舞臺指導或對話，你只要全神貫注地完善故事的框架就可以了。故事梗概的最終形態取決於動畫作品的類型。動畫作品類型不同，涉及到的故事概要之間的差別也是一目了然的。但是，

不管你要完成的是鴻篇巨制，還是一個精巧的動畫短片，在開始製作之前都需要列出故事概要。

草稿

劇本的初期草稿可以一蹴而就，不需要過多地考慮格式要求，這樣才能保證作者的想像可以天馬行空。在這個環節中，你只要專注於構想上就可以了，其他方面的錯誤可以稍後進行修正。通常情況下，一個劇本作者需要對草稿進行數次修改，不斷地調整對話，為一些角色加戲，突出矛盾衝突，或是加入新的好笑的橋段，這樣才能讓劇本更加引人入勝，故事情節更加妙趣橫生，更讓人興致盎然。草稿的最終版本就是動畫作品的藍圖，裡面的對話和舞臺指示要經過潤色和調整，同時還要保證結構嚴謹。

調整格式

完成了以上步驟後，距離劇本最終完成只剩一步之遙，那就是對劇本進行格式上的調整，讓劇本的版面能夠達到標準電影劇本的要求。

編寫劇本的軟體

為了加快並簡化調整劇本格式和版面的流程，可以使用幾個軟體套裝程式，這些程式可以自動調整劇本的格式（參見右圖中的例子），使其符合業界標準。這些軟體同時還能羅列人物以及地點的銘板，保留所有修訂的痕跡，這樣無論是要重寫某個部分，還是稍加調整，都會變得更為容易。

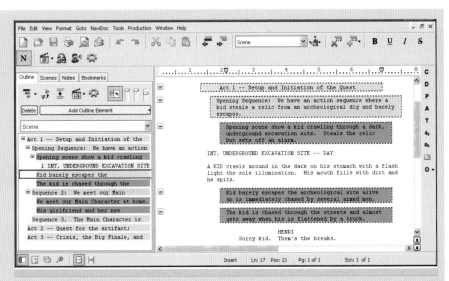

► 劇本示例
這個示例節選自于傑米·裡克斯 JamieRix）《強尼·卡薩諾瓦》系列中的《停不下來的性機器》(Casanova the Unstoppable Sex Machine)。這個完美的示例展示了一個標準格式的劇本到底應該是什麼樣子的。

說話者的名字要用大寫字母表示，同時居中。對話選用常見字體，緊跟人物名字放在下行，同時居中。

強尼（Johnny）
但是我是來接塞雷尼（Sherene）的。

有些時候，你可能會希望加入一句舞臺說明，表示這句臺詞應該採用的語氣或是伴隨的動作。

芭蕾老師
（笑著）
那麼你為什麼要穿成這個樣子呢？你以為你是布布拉（Bubula）嗎？

你也可以加入對於相機使用方式的指示，比如"切入"或是"廣角鏡頭"。可以參照第28　31頁，瞭解更多關於鏡頭類型的資訊。劇本應該包含與故事情節一致的、具體的舞臺指導。

切入：
廣角鏡頭。我們能夠看到強尼・卡薩諾瓦（Johnny Casanova）穿著粉色的芭蕾舞短裙，還有百褶的緊身衣。愛麗森（Alison）嚇得手足無措，於是淚流滿面。

愛麗森
強尼，你怎麼能這麼做？你怎麼能這樣對我？你明明知道我有多愛你！我一直以為你是個男人！

切入：
單個鏡頭表現強尼，強尼的臉上流露出絕望的神情。

"單個"代表你希望鏡頭對準強尼本人，鏡頭中不要納入其他人物。

強尼：
但是，愛麗森！

就在這時，強尼嚇呆了。他趕緊把芭蕾舞裙脫下來，想要保持自己最後的尊嚴。

標準格式的劇本讀起來非常容易，而且還有閒置的空間，團隊的其他成員還可以在上面添加自己的批註。

切入：
強尼的pov。
在車道的盡頭，是一輛坐滿小女孩的小車，上面坐著紫色女神以及學校裡的其他人。她們有的從校車中伸出頭來，有的站在車頂上，一邊指著強尼的芭蕾舞裙，一邊笑作一團。

"POV"代表的是視角。在這個示例中，表示的是強尼的視角。

SFX：女孩們尖利的冷嘲熱諷。
掃鏡帶到：
第13幕
內景：強尼的房間，早上。

"SFX"代表的是音響效果即音效。

掃鏡"是一種非常迅速的鏡頭運動方式，通常還會伴有物體飛馳而過的聲效。

鏡頭拉近。強尼・卡薩諾瓦滿頭大汗地從床上一躍而起，他剛剛做了一個噩夢。他膽戰心驚地摸了摸自己的腦袋，擔心自己的頭髮真的被剃掉了。他的頭髮還在，雖然短了一些，但是無傷大雅。他松了一口氣，笑了。額頭前捲曲的劉海也長了出來。

切入：
第14幕
內景：強尼臥室的外部，早上。

黑體的場景標題可以告訴我們故事發生的時間以及地點。

塞雷尼睡在地板上，躺在猩猩的旁邊。她的身邊就是跳蚤馬戲團，還有一個裝著脆米的圓盤⋯⋯

通常情況下，動畫作品劇本中的舞臺指導比真人實景的電影劇本還要細緻入微，一般使用現在時。

參閱：電影語言（第28頁）、鏡頭類型（第106頁）以及動畫作品剪輯：理論（第128頁）

分鏡腳本

現在，你已經將故事的情節以及結構訴諸筆端了，下面就可以開始將整個故事描繪出來了。

分鏡腳本是整個動畫作品的視覺規劃，通過一系列的繪圖將故事直觀地表現出來，介紹作品的故事情節，同時突出作品的風格。製作分鏡腳本的過程中，你要同時充當三個角色：導演、設計師和作者。和製作動畫作品過程中涉及到的其他環節一樣，多數動畫工作者在完成分鏡腳本這個環節時採取的方法都差不多。

初略分鏡腳本

之所以稱其為縮略分鏡頭腳本，是因為畫面所有的圖片尺寸都很小。一般只是寥寥數筆，大概描述一下情節。這種圖板上有時還可以加上一些劇本中的文字介紹，可以讓讀者對整個故事的發展有一個大致的瞭解。這種圖板雖然簡單，但是有助於導演確定自己對於整個影片的構想是準確無誤的。

概略分鏡腳本

在對動畫作品故事情節的發展瞭若指掌之後，下一個步驟就是完成概略分鏡腳本。這個圖板中圖片的大小和精細程度可能存在較大差別，而且有時設計者可能想要嘗試改變情節述的順序，所以這種圖板可以畫在明信片上，或是便利貼上。

整理工作

一旦設計師認為分鏡腳本沒有什麼問題了，就可以開始整理工作，進行適當的調整，將所有圖片都裁成一樣的大小，然後添加注解，標明舞臺指導、鏡頭運動方式以及是否要加上某些效果。整理後的圖片有兩種，一種通常被稱作"演示用分鏡腳本"，這種圖板一般都是全彩的，並且對圖片的精細程度要求很高，通常是廣告公司用來向客戶演示用的；而另一種通常叫作"製作用分鏡腳本"，一般都是黑白的，而且不會花太長時間完成。這種圖板一般只在工作室內部流通，只在製作團隊成員內部傳閱。

動態腳本(Animatic)

為了確保動畫作品的節點不出問題，設計師還需要製作一個樣片，這種圖板有時候也叫作"故事影帶"。這是整個流程中一第次按照時間來播放圖像，所以設計師可以利用這個機會來檢查一下是不是每個鏡頭都有足夠的時間能夠完成播放。此外，這種樣片還包含一個叫作"臨時音軌"的元素，通常是一個非常簡單的音軌，裡面的配音工作都是由團隊人員協力完成的。此外，還要融入一些音樂，大致體現一下最後的音效效果。

◄ 數位分鏡腳本
現在，很多圖板設計師都完全應用數位技術來完成自己的工作。右側這些動畫圖片是為《大馬戲團兄弟》（The Adrenalinis）而製作的圖板，所有圖片都是運用手寫板直接輸入Flash程式的。實際上，現在通過應用2D數位技術也可以完成整個動畫製作過程，紙筆創作的時代已經過去了。

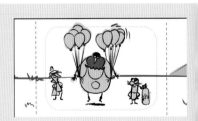

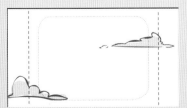

案例分析：用劇本來規劃分鏡腳本

一旦劇本編寫工作告一段落，下一個步驟就是思考怎樣將劇本上的文字通過圖像表現出來。這是選自尼克·麥凱（NickMackie）一個短片動畫電影劇本中的一頁，充分展現了動畫設計師是如何通過在劇本上隨手勾勒一些小圖來思考具體劇情的。

你可能對某一鏡頭已經有了一個大致的想法，可能已經想好了故事發生的地點，或者人物的活動。雖然這些想法最終不一定會全部出現在電影中，但是劇本上這些塗鴉對電影的最終成型有很大的幫助。

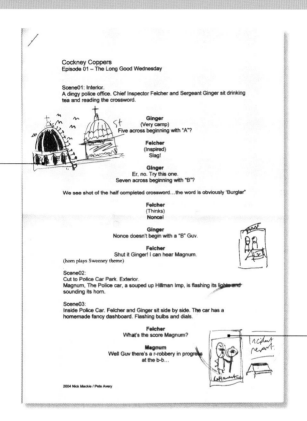

Cockney Coppers
Episode 01 – The Long Good Wednesday

Scene01: Interior.
A dingy police office. Chief Inspector Felcher and Sergeant Ginger sit drinking tea and reading the crossword.

Ginger
(Very camp)
Five across beginning with "A"?

Felcher
(Inspired)
Slag!

Ginger
Er, no. Try this one.
Seven across beginning with "B"?

We see shot of the half completed crossword...the word is obviously 'Burglar'

Felcher
(Thinks)
Nonce!

Ginger
Nonce doesn't begin with a "B" Guv.

Felcher
Shut it Ginger! I can hear Magnum.
(horn plays Sweeney theme)

Scene02:
Cut to Police Car Park. Exterior.
Magnum, The Police car, a souped up Hillman Imp, is flashing its lights and sounding its horn.

Scene03:
Inside Police Car. Felcher and Ginger sit side by side. The car has a homemade fancy dashboard. Flashing bulbs and dials.

Felcher
What's the score Magnum?

Magnum
Well Guv there's a r-robbery in progress
at the b-b...

2004 Nick Mackie / Pete Avery

為了在動畫作品中實現所有設想，很多動畫導演會事先大體流覽一遍劇本。在這一過程中他會在劇本上寫一些評論或畫些草圖，以便分鏡腳本的設計者對他的想法有一個準確的認識。

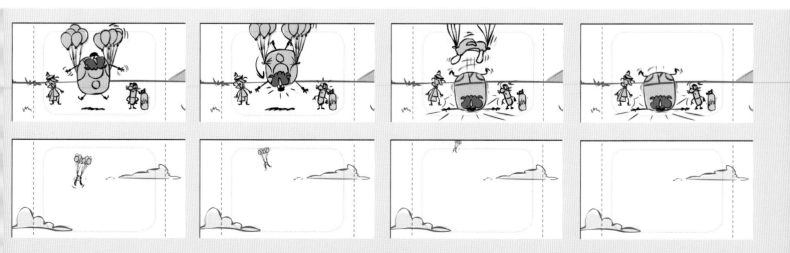

這張概略分鏡腳本將動畫作品中的故事情節整合起來，以便最終
能夠體現電影中情節的發展過程。值得注意的是，這些鏡頭採用
了不同的鏡頭視角，這樣會讓整幅作品看起來生動有趣。

在製作分鏡腳本的這個環節中，不用
擔心圖片是否過於簡略或粗糙。製作
圖板的目的不是為了追求圖片的品
質，而是要對所有的鏡頭和情節進行
創造性的規劃整合。

如何對鏡頭和情節進行編號完全取決於設計師本人，只要編號的方式符合邏輯就可以了。
這些鏡頭全部節選自第三幕，編號從D一直到L。

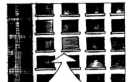

一旦概略分鏡腳本得到了認可，就可以開始整理所有的圖片了。在徵得導演同意後，也可以適當加入幾個笑話的圖解。

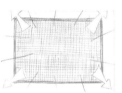

最終的情節設計圖板現在已經開始逐漸成型了。箭頭代表的是鏡頭運動的方式。這個例子中運用了大量的近距離特寫來增強故事情節的視覺感染力。圖板中已經開始逐漸構建出人物的特點了。

演示用＂分鏡腳本可以上色，也可以畫得更為具體，通常用於商業廣告和專業會議中的展示。大多數製作用的故事分鏡腳本都不需要上色。

參閱：分鏡腳本（第24頁）、鏡頭類型（第106頁）與燈光效果（第112頁）

電影語言

實際上，一個設計師在製作分鏡腳本的過程中就已經步入了電影攝影藝術的殿堂。在這個環節中，你需要敲定一系列關於鏡頭組成、設計、燈光效果以及鏡頭視角的方案。

不同類型的鏡頭，以及究竟什麼時候什麼場景適合運用哪種鏡頭，稍後在106頁會有詳細的介紹。現在你可以想像自己是在通過攝像機鏡頭進行拍攝，這個攝像機可以轉動，可以任意調整角度，可以通過聚焦拍攝近景，也可以使用廣角鏡頭；可以採用俯視的角度，也可以採用仰視的角度。

電影語言和電影美學領域有很多規則同樣適用於影片剪輯和分鏡腳本的製作。首先你需要對這些規則了熟於心，這樣才能製作出合適的圖板。在本書的"資源"部分，作者推薦了一些書籍，對這部分知識有較強的指導作用。

越線

在設計連續鏡頭的時候，你可以想像有一條從你眼睛看過去並穿過畫面中心點的一條線。你可以從各種角度來構思這個鏡頭，但是一旦越過了這條線，你就需要調整自己的角度，並且想像從觀眾的角度看去，鏡頭的變化可以產生什麼樣的感受。遵守這條規律最簡單的方法就是想像自己在觀眾席中選取了不同的位置，在設計鏡頭時要確保坐在這些位置上的觀眾都能輪換得到最好的視角。當然，後臺不在選擇的範圍之內。在製作分鏡腳本時，不需包括可以想到的所有的角度。想像只有三四個攝影機方位，然後再來構思視角。

鏡頭切換

檢查鏡頭之間切換的方式。基本的原則是切換的鏡頭必須屬於不同類型，如果兩個鏡頭之間沒有什麼區別的話，不要進行切換。例如，從一個包含兩個人物的中景鏡頭切換到另一個包含兩個人物的中景鏡頭，通常情況下這種切換意義不大。

鏡頭銜接

鏡頭之間必須銜接得非常緊密。保證所有鏡頭播放的方向相同，同時檢查鏡頭之間銜接的連續性。

構圖

雖說製作分鏡腳本的主要目的是規劃故事情節，但是在考慮鏡頭構圖的時候也要用心，把自己當成是一名攝影師，要孜孜不倦地尋找最生動有趣的拍攝角度。避免使用互相平行的地標線和絕對對稱的構圖方式。如果表現的是雙人特寫鏡頭（一格圖像表現了兩個人物），那麼一個人物要高於另一個人物，這樣才能使畫面看起來更加生動。

原始版本

廣角的定場鏡頭：展現了地點、背景以及兩個人物之間的位置關係。

改進版本

廣角的定場鏡頭：展現了地點、背景以及兩個人物之間的位置關係。

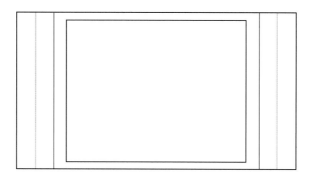

作業

選擇一首短詩，或歌詞中的一個小節，然後通過一系列圖像將情節內容展現在分鏡腳本上，注意圖像的風格一定要和原詩或節選歌詞的風格一致。完成之後，想像一下如果採取另一種風格重畫的話，會畫成什麼樣子。比如，如果選取的是動畫風格或喜劇風格，那麼畫面會發生怎樣的變化。

♥ 分鏡腳本示例

對比兩個示例，你會發現在第二個示例中，設計師特別注意保證相鄰鏡頭之間的連續性，同時還綜合使用了特寫鏡頭和遠景鏡頭，而不是千篇一律地使用同一視角。

♦ 分鏡腳本的尺寸

製作分鏡腳本時，最常用的兩種尺寸分別是16:9的寬屏尺寸（最外側黑線表示的區域）和4:3的標準尺寸（紅線表示的區域）；這兩種尺寸在電視螢幕上可以通過調節縱橫比得出。最小的方框代表的是"圖像安全區域"，所有的文字都必須放在這個區域內。

為了避免圖像的重要部分被剪切掉，或是漏掉，主要的場景一定要在"圖像安全區域"之內顯現出來，也就是採取4:3尺寸的最小方框以及採取16:9尺寸的綠線標出的區域內。

鏡頭切換到對警官的特寫。

鏡頭切換到對強盜的特寫，與前一個鏡頭大同小異。

鏡頭切換到廣角形式，表現了警官拔槍射殺強盜的瞬間。在前面的鏡頭中，已經交代了地理位置，所以在這個鏡頭中，我們越線轉到了對面的角度進行觀察，警官和強盜對調了位置。

鏡頭切換到警官身上，同時使用了仰角，使警官看起來更加高大威武，氣勢更強。警官的身後是太陽，所以他被籠罩在陰影之中，使得他的面部表情有些模糊，看不太清。

鏡頭切換到強盜身上，鏡頭的角度有些偏右。使用了近景的特寫鏡頭，這樣就能更好地體現強盜當時的緊張心態。我們能夠看到他滿面愁容，並且額頭還滴著汗。

鏡頭切換到寬幅模式，大致採用的是強盜的視角，我們可以看到警官先拔出槍來。警官身手敏捷地拔槍射擊，當強盜應聲而倒之後，我們就會看到整個畫面中只剩下勇戰強盜後巍然而立的警官。

《奧格裡》（Ooglies）分鏡

這是從喬‧伍德（JoeWood）為英國兒童製作的簡筆動畫片《奧格裡》中選
取的幾格分鏡。從電影語言的角度來看，這是一個很好的範例，連續的幾個
分鏡應用了不斷變換的鏡頭使整個動畫片一氣呵成、節奏鮮明。

鏡頭1A

（一個鏡頭可能需要一格以上
的圖像）

這組連續鏡頭從一個中景鏡
頭開始，表現的是浴室中的一
個洗手台。

鏡頭1B

兩個角色（兩塊肥皂）像踩著
滑雪板一樣進入了鏡頭，並互
相擊掌打招呼。

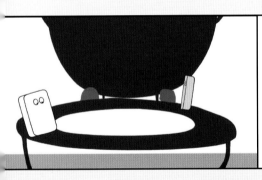

鏡頭3

鏡頭切換到中景，肥皂繞著馬
桶的坐墊旋轉了幾圈。

鏡頭4

鏡頭切換到遠景，同時採取俯
角。這種做法不僅能體現圖像
中各個元素之間的比例，而且
還能引入不同的鏡頭類型，以
增強作品中鏡頭類型的多樣
性。這種類型的鏡頭叫作"俯
瞰拍攝"。

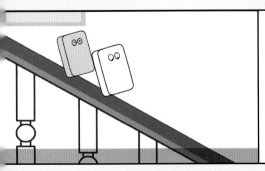

鏡頭7

鏡頭切換到中景，肥皂從樓梯
扶手上滑下來。值得注意的
是，每個鏡頭的構圖方式都各
不相同，這樣能創造妙趣橫生
的視覺特效。

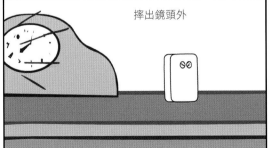

摔出鏡頭外

鏡頭8

鏡頭切換到中景，地點也轉換
到了壁爐臺上。兩塊肥皂中的
一塊安全著陸，而另外一塊則
摔到了鏡頭之外。為了突出相
撞事故，分鏡腳本的設計者有
時候會運用鏡頭晃動來制t造
特效。

CU=close-up,近景特寫；LS=Long shot,遠景；OOS=out of shot,鏡頭範圍外；SFX=sound effects,音效；
想要瞭解更多相關資訊，請參照106頁"鏡頭類型"部分。

鏡頭1C

在洗手池裡轉了幾圈之後，肥皂從畫面的右側撤出鏡頭。

鏡頭2

鏡頭切換到一個非常有趣的角度——順著窗臺拍過去。兩塊肥皂慢慢靠近鏡頭。鏡頭開始的時候最好有一定的深度，然後讓角色慢慢地靠近鏡頭，或是遠離鏡頭，這樣的手法會增強畫面的感染力。

鏡頭5

鏡頭切換到中景，角色直直地向鏡頭逼近（實際上它們可能已經貼到了鏡頭上），增強了畫面的感染力，也使節奏更加鮮明。

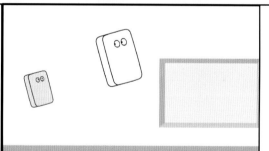

鏡頭6

鏡頭切換到中景，肥皂塊在空中飛來飛去。

百花香的罐子

鏡頭9

鏡頭切換到中景。螢幕上顯現出另一塊肥皂的結局，它直接掉到了百花香的罐子裡。這個鏡頭用中景很合適，但如果用近景特寫效果會更好，這樣觀眾就能夠更為細緻地觀察到角色的面部表情和遭遇這種事故產生的反應。

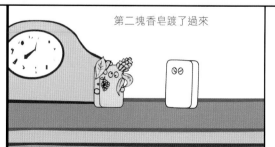

第二塊香皂踱了過來

鏡頭10

鏡頭切換到中景，交代了最終結果。白色的肥皂表達了它對於另一塊肥皂的蔑視。兩個角色都不由自主地笑了出來。

結束

短片選集

如果希望自己的構想能夠引起別人的興趣，從而得到贊助，動畫設計師需要以一種振奮人心的形式展示自己的作品，即製作“短片選集”。

製作短片選集的目的是為了推銷自己的構想。我們會在後面的章節中提到製作選集，這兩者是不同的。短片選集是一個有效的推銷工具，能夠讓潛在的投資商或合作夥伴對你的作品產生興趣。對待這種選集，你只要把它當成類似推銷汽車的傳單就可以了。

雖然每個作品的情況不盡相同，但是絕對不要把短片選集做得讓人望而卻步。這種選集只要清晰明瞭、言簡意賅並有吸引人眼球的亮點就可以了。在選集中要多用彩色圖片，同時避免出現大段大段的文字。

封面

一定要讓短片選集的封面盡可能地引人注目，同時選集的封面要能體現動畫作品的整體風格和整體感覺。作品的名稱要醒目地印在封面上，有時候可能還要帶有標誌。如果即將收到這份選集的投資商每天會接到幾百份這樣的選集，那麼你需要讓選集個性鮮明，才能脫穎而出。

扉頁和內頁

如果你的封面很出色，能夠奪人眼球的話，你就完成了第一個挑戰。接著，你需要說明作品的具體情況。首先，扉頁上的廣告語一定要一鳴驚人。此外，內頁還要介紹作品的範疇（例如，動畫喜劇系列）、交代作品的長度，以及是否屬於某個系列、一共包含多少集等。當製作小組中的某位組員在業界已經小有名氣時，最好簡單介紹一下。

理念

這部分資訊要在一頁之內完成，需要全面地概述整體構想，包括人物角色、所有的矛盾衝突、主題以及人物關係。此外，這部分還應該包含對於設計風格的描述，以及劇情和情節的基調，對於目標受眾的限定也是不可或缺的內容。

主要角色描述與人物設定

描述動畫作品中的主要角色。不要局限在角色的外部特徵上，應該試圖挖掘他們的性格特徵以及與眾不同之處，還有他們與其他角色之間的關係，這點也是至關重要的，是推進構想完善的動力。在這一階段，人物的概念設定已經基本成型，所以描繪表情圖或360°旋轉的人物圖就不存在任何困難了。

背景資訊

觀眾是否需要事先瞭解其他背景資訊才能明白作品的整體構想？如果有需要的話，短片選集裡也要涵蓋這部分資訊，例如關於地點、所處時代以及動畫作品的基調和節奏的描述。

劇集介紹

如果你構想的是一個系列作品，那麼你的短片選集一定要包含至少六集的基本理念，對於每一集的描述都要包含故事情節的開端、中間部分，以及結尾。

▼ 加入3D圖像
你的短片選集應該包含能夠體現作品整體思想的圖像。如果你的動畫作品是3D的，選集應該收錄一些3D圖像。傑米·裡克斯（JamieRix）為《迪亞布洛博士》（Dr.Diablo）製作的短片選集就包含了主角瑪麗的幾張概念素描。設計師選用了人物的幾個不同的表情和姿勢，其中有一張圖像是關於人物的3D設定。

● ► 短片選集示例

製作短片選集的目的是為了讓潛在的投資商、主創人員以及廣播公司對你的構想產生興趣。短片選集是一種推銷工具，關於構想的各方面的資訊應該準確而全面，同時還要保證選集清晰明瞭，簡明扼要，引人入勝。

這是從《吉爾默頓山莊》（Gilmerton Heights）一片的短片選集中截取的一頁。這頁內容明確展現了設計的風格，同時也展示了部分人物角色和背景設計的圖片。

一本優秀的短片選集應該包含關於動畫作品的部分片段資訊，能夠讓觀眾心癢難抑地想要瞭解更多。同時，要精心選擇不同字型大小，讓讀者能一直興致盎然地讀下去。

從動畫作品中截取場景的"最終設定"，有助於展現作品最終的外觀形態。

短片選集中應加入關於動畫片放映模式的信息，尤其是在涉及新型技術的情況下。

角色採取了奪人眼球的姿勢，為整個短片選集增色不少，這樣做不僅能讓作品產生妙趣橫生的視覺特效，而且還將人物的特徵表現得淋漓盡致。

● 最終設定

在動畫作品中，最終設定體現的是該作品的最終外觀，應包括人物和背景。最終設定可以讓潛在的投資商或合夥人對動畫作品的實際外觀有一個總體瞭解。這幅最終設定選自《強尼·卡薩諾瓦——停不下來的性機器》一片。雖然沒用隻言片語，但是其中關於背景的細節資訊卻讓強尼這個人物的所有特徵都躍然紙上。

► 短片選集的封面

在製作短片選集封面的時候要充分發揮自己的想像力，同時要保證封面設計能夠反映動畫作品的主題。製作《動物學校》（Animal School）的短片選集時，動畫設計師將封面設計成類似校刊的感覺，上面貼著班級的合照。

參閱：場景設計（第36頁）與角色設計（第40頁）

概念設計

數位動畫作品可以實現任何視覺風格。同時，還有五花八門的技術可以任你選擇，既有從真實的到抽象的，又有從2D的到3D的，所以你完全有條件打造出一個獨一無二的世界。

接下來我們探討動畫短片真正的設計方案和風格特徵，以及如何完成所有的調研和規劃工作，以便最終可以開始具體的製作環節。

動畫作品與其他電影作品的區別在於，你對作品最終的外觀形態擁有絕對的控制權，但是存在一個奇怪的現象，就是很多動畫製作新人都會忽略這一點。

概念創作圖

圖像研究是至關重要的一個環節，在這個環節中，你發現集的所有圖片以及素描本都會發揮極大的作用。以情緒板和研究材料為基礎，你就可以開始製作概念創作圖了。

製作概念創作圖可以採取各種各樣的工具，只要這種工具用起來得心應手就可以了。你可以使用彩色蠟筆、鉛筆、氈尖筆或是軟陶，也可以通過拼接剪輯圖片來完成作品。當然，

案例分析：風格設定

當尼克·麥凱著手為他的動畫作品設定風格的時候，他想要呈現的是20世紀50年代UPA卡通片的感覺（UPA是美國的一家動畫公司）。但是，他的作品不是採取2D的模式，而是要在2D的環境背景中創作3D的人物。

此外，作品還深受20世紀70年代警匪片的影響，為了讓這部作品帶有滄桑和懷舊的風格，尼克在作品的表面鋪了一層汙損的牛皮紙。

人物概念

動畫設計師通常會通過早期的素描來進行角色的概念設計工作。尼克希望自己作品中的人物在說話時能前仰後合，這張簡略的造型設計圖就體現了設計師為了能通過簡單而有效的設計最大程度地傳達自己的理念所進行的嘗試。

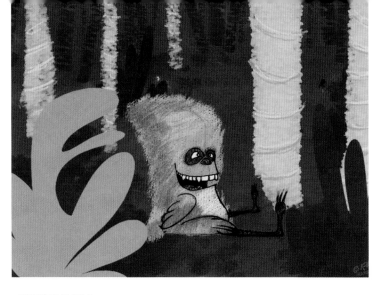

顏色和設計風格

在這幅概念插圖中，設計師拉菲·尼黎姆（RafiNizam）明確地表現了作品設定的風格，包括顏色方面和設計方面的風格。這張插圖先用鉛筆勾勒輪廓，然後再用數位技術上色後完成。

你也可以選擇進行數位創作。在製作工具和製作方法上沒有任何局限。製作概念創作圖的目的是通過顏色運用和風格設定讓讀者對作品設計方案有一個總體的認識。繪製概念創作圖的時候要不拘小節，爭取一蹴而就，不要被尺寸比例等條條框框限制住。繪製人物的時候應該採用寫意的手法，不要在細節描繪上浪費時間。早期的概念創作圖是循序漸進的，設計理念會逐漸呈現在紙上。

將自己的理念概念化，通過一系列的圖像表現出來。這一階段的工作應該是一個天馬行空、讓想像自由發揮的過程。如果可能的話，儘量不要去模仿現有的風格或是設計方案。你的情緒板（參見第21頁內容）包含了所有重要的設計元素，可以從中挑選自己想要使用的元素。

這個循序漸進的過程主要的目的就是完成"最終設定"或是動畫成品，可以體現影片的最終外觀形態。通常情況下，"最終設定"應該選取作品中常常出現的場景，而且應該包含一個以上的角色。

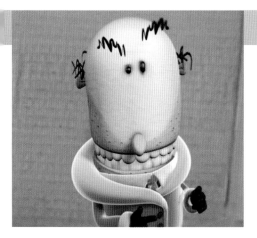

人物設定

深受20世紀70年代警匪片的影響，圖片中的人物身穿羊皮外套，並且在外形上不拘小節。這一點是通過為畫面添加紋理以及鋪現牛皮紙透明膜產生的效果。尼克希望自己筆下的人物和傳統定格動畫中的人物有異曲同工之妙，但是他不希望自己的人物有一張香腸嘴。

場景設定

雖然看起來是一張2D作品，但實際上這些場景設計都是在3D程式中建模完成的，並需要進一步的處理才呈現出2D的外觀。顏色選取非常簡單，作品材質顯得十分懷舊，完全由樸素的色塊構成。

最終設定

最終設定中包含人物以及背景，體現了人物是如何與背景環境融為一體的。設計師對於背景的描繪沒有大費周章，只是點到為止，所以3D人物的細節就躍然紙上，更奪人眼球了。整體的色調有些沉悶，十分懷舊，體現了與設計理念的一致性。值得注意的是，設計師特意讓背景有些模糊不清，這樣就可以進一步突出人物要素。

參閱：概念設計（第34頁）與角色設計（第40頁）

場景設計

為動畫作品進行場景設計是和整部電影的設計息息相關的。電影中的場景不僅要引人注目，而且還要井然有序，同時也要與人物設定相輔相成。

為了成功地完成場景設計工作，你需要事先觀察舞臺和電影的佈景設計，兩者之間實際上是大同小異的。

你所設定的場景是人物角色要表現故事情節的地方，所以場景要能向觀眾展現人物所處的時間和地點，同時不能佔據鏡頭中的主要位置。一些非常成功的場景設計有時只是通過顏色渲染的方式，寥寥數筆就將故事發生的地點和背景交代清楚了。而有些場景設計則是寫實性的3D圖像，惟妙惟肖。選取哪種方式完全取決於設計師的個人喜好，但同時還要考慮所選方式到底適不適合想要製作的動畫作品。

達到平衡

人物必須與場景契合得嚴絲合縫。一個優秀的場景設計單獨看起來可能會有點兒單調，或者"空曠"，但是一旦加入人物元素就會立刻產生完美的效果。如果場景過於雜亂，或是含有一個模糊不清的視角，這些會給整部動畫電影作品帶來毀滅性的打擊。如果觀眾認為場景過於紛繁複雜，或過於喧鬧，他們就會覺得場景充斥整個視野，也會因此而感到不適。

仰角、頂拍或是俯角鏡頭通常都會產生非常有趣的效果。但是電影中的鏡頭不能全部都採取這類鏡頭。在應用這類鏡頭的時候要謹慎，可以偶爾讓觀眾享受一場視覺盛宴，同時也可以利用這些鏡頭來突出想要強調的元素。

完成了場景設計之後，一定要通過製作最終設定的方式來測試是否還存在什麼問題。在設計中加入一些人物角色，確保角色和場景能夠和諧相融。

關於場景的建議

- 盡景提升構圖的趣味性，將觀眾的注意吸引到特定的區域去。
- 不要使用厚重、鮮豔的顏色，或原色，這樣會讓你的作品看起來過於喧囂浮誇。
- 為故事發展留出足夠的空間。一個優秀的場景設計看起來應該有點兒"空曠"。
- 盡可能簡約。

街景的照片被用來當作實際要素的參考考料。

COACHROCK HILL HOTEL

色彩運用

- 設計背景的時候，盡量避免使用厚重的顏色或對比色，因為厚重強烈的色彩會分散觀眾的注意力，但是可以通過色彩來凸顯人物的情緒與故事的氣氛。最好在製作腳本的過程就使用彩色的樣片。

▲ 場景研究

如果設計師在進行場景設計的時候是以真實的地點為原型，那麼一定要參考相關的圖片或是素描，保證特殊的建築特徵在設計中準確無誤。這 展現的概念設計整體外觀採用的是鮮明的紐約風格。

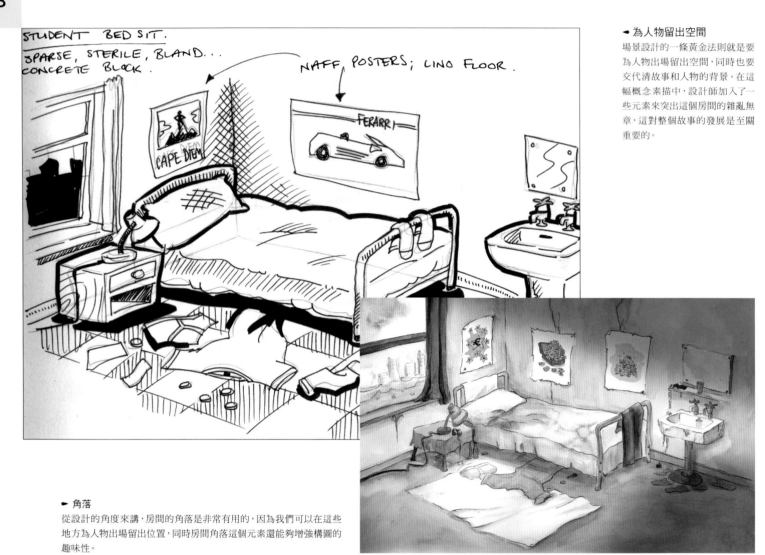

STUDENT BED SIT.

SPARSE, STERILE, BLAND...
CONCRETE BLOCK.

NAFF, POSTERS; LINO FLOOR.

CAPE DIEM

FERARRI

為人物留出空間

場景設計的一條黃金法則就是要為人物出場留出空間，同時也要交代清故事和人物的背景。在這幅概念素描中，設計師加入了一些元素來突出這個房間的雜亂無章，這對整個故事的發展是至關重要的。

角落

從設計的角度來講，房間的角落是非常有用的，因為我們可以在這些地方為人物出場留出位置，同時房間角落這個元素還能夠增強構圖的趣味性。

讓場景 "空曠"

相較其他元素的設計而言，場景設計一般不追求細枝末節，因為人物角色才是構成畫面的中堅力量。簡單的向量設計就可以充當背景環境，製作起來不需花費太多時間。《吉爾默頓山莊》一片中的廚房背景如果沒有放入人物元素的話，看起來就會顯得空蕩蕩。但是一旦背景中融入了其他元素，畫面的構圖和動態馬上就發生了變化。

燈光

這張3D的場景設計圖片對右側圖片中的環境作了進一步的處理，是由動畫專業學生西蒙·阿克蒂（SimonActy）繪製的。通過運用從門縫中射進來的一道強光使圖片氛圍和設計理念完美統一。

色彩

在場景設計中，色彩是體現情緒和渲染氛圍的重要工具。在這幅概念繪圖中，深棕色和深紅色構建了一個灰暗但卻十分溫暖的環境。觀眾的視線會不由自主地移向設計中比較光亮的部分。

構圖

這幅場景設計是凱西·尼科爾斯（KathyNicholls）的作品。這幅作品能將觀眾的視線聚焦到接近圖片底部的空地處。按照原來的設計方案，這個畫面會使用搖鏡手法拍攝，鏡頭會從上拍到下，這樣觀眾在觀看環境背景時，還會滿懷期待地等待人物的出場。

📁 作業

設計一處室內場景，並融入自己的風格。使用燈光、色彩以及五花八門的室內擺設和其他室內設計中常用的元素來交代房間的地理位置，以及現在是一天中的哪個時段。例如，日出時紐約公寓的一間房間和日落時法國鄉村的一座農舍，二者給人的感覺是截然不同的。

角色設計

無論你是想讓自己的動畫作品獨樹一幟，還是想讓它流露自然主義的氣息，角色設計都必須在項目早期完成。角色是你講故事的媒介，所以在進行角色設計的過程中一定要時刻牢記這一點。

角色設計師必須將自己完全融入到劇本中，這樣他才能更好地表現出故事中角色的特徵。同時，他還需要在這些特徵的基礎上得出一個與故事情節和作品類型一致的設計方案。

數位設計是一種不受任何條條框框約束的媒介，設計方案可以完全脫離現實世界，對角色設計師來説這是一件非常美妙的事情。實際上，有點自相矛盾的是，設計越貼近現實，就會越缺乏感染力。正是因為這個原因，動畫史上最為成功的角色設計看起來一點兒都不像現實生活中的人或動物，但是他們卻都以十足的個性和強大的感染力被我們所牢記。

▲ 工具類型
除了風格之外，你也可以嘗試採用不同的技術，以便創造出更多妙趣橫生而又別具一格的設計方案。

▲ 簡約設計
福福（FooFoo）是英國的Halas and Batchelor工作室設計的一個角色，這個設計印證了其設計理念中所推崇的純粹的簡約主義。這個角色只是在圓圈和方框的基礎上添加了寥寥數筆而已，但是卻別具一格，出神入化。

▲ 角色個性
在設計角色時，一定要努力抓住角色的性格特徵，就像自己在為電影選角一樣。角色的性格應該各不相同，但是角色風格又不能相去甚遠，這樣當他們同時出現在螢幕上的時候才能產生和諧的畫面。

► 人體素描
一個優秀的角色設計師一定要保持經常畫人體素描的習慣。只有這樣，他才能不斷增進自己繪畫的技巧以及對於人體結構的認識。這張人體素描是角色設計師和動畫工作者拉菲·尼梨姆的作品。

設計思考

優秀的動畫設計通常都是立足於簡約風格的。一個出色的角色設計實際上只需要將圖形和線條以恰當的比例拼接起來。但是與所有看起來簡單的事情一樣，角色設計在實際操作過程中還是具有一定難度的。

一名優秀的角色設計師一定要對人體結構瞭若指掌，知道如何表現身體來凸顯比例結構。例如，如果你想讓觀眾和角色產生共鳴，從而對其傾注無限的同情，你就需要讓角色的眼睛和頭看起來更大，這樣的角色會讓人覺得楚楚可憐。

同時還要考慮從不同的角度觀察角色會展現怎樣的形態。尤其是在設計3D角色的情況下，一定要保證無論人物進行什麼樣的活動或擺出什麼樣的姿態，你的設計方案都是可行的。

與編寫劇本一樣，角色設計也是需要修改很多稿後才能最終得到合適方案的。即使這樣，有時在將角色轉化為動畫作品的過程中也可能會出現錯誤，所以為了以防萬一，進行動畫試驗也是非常重要的一個環節。

◢ 圖形

對角色設計來講，醒目的圖形是一個很好的起點，將其轉化為動畫作品會是一件很有意思的事情。它們的表現有時也會出乎意料得好。

◂ 動作姿勢

在為這個充滿活力的男孩角色設計姿勢的時候，設計師用最洗練的筆觸簡化了人物的活動，然後再進一步進行誇張處理。

關於角色設計的建議

- 定期上人體素描課，以培養自己的繪畫技巧和對於人體結構和比例的認識。

- 角色設定要追求簡約的風格。複雜的人物設定在建模和轉化為動畫作品的環節中通常會非常費力，而且還會花費大量的時間。

- 儘量確保角色的眼睛炯炯有神，富有感染力。觀眾的目光通常會先落在角色的眼睛上。

- 在進行角色設計的過程中，要避免絕對的寫實主義。"恐怖谷理論"矛盾是很多3D人物共同面臨的一大問題。這就意味著，你所設計的角色越貼近現實，看起來就會越死氣沉沉，越缺乏感染力。

* "恐怖谷理論"效應是日本機器人專家森政弘博士（Dr. Masahiro Mori）提出的。他認為，到了某個時間點的時候，人形機器人的觀察者就會覺得自己的觀察物件看起來和人大同小異，但是卻還是不夠人性化。實際上，他們會覺得眼前的機器人有些荒誕，甚至有些詭異。

◂▸▴ 極簡設計

2D和3D動畫作品中最好的角色設計通常都非常簡單。這　所列舉的四個角色雖然風格迥異，但其設計理念都以簡約為主。每個角色都是以一個簡單的圖形為起點，然後在不影響角色完整性的前提下盡可能少地添加或擴展細節。有時候，只是添加一條線或是一個點就能產生意想不到的效果。

造型圖至少應該包括人物的正面和背面兩個角度，但最好也包含一些帶有角度的造型圖，其中3/4角度的圖示也是非常有用的。

◂ 造型圖

360°旋轉造型圖應該包含一個原始造型，這樣建模師才能以此為依據創造出3D的人物形象。2D的動畫工作者也可以從不同的角度展現人物的外觀形態。

彩色模型

設計彩色模型板的目的是為了表現角色常見的幾個姿勢或常見的幾個面部表情。這樣建模師或動畫工作者就可以以此為依據確定模型的姿勢,以保證角色風格的一致性。感謝Mark Mason動畫公司提供《火箭豬豬》RocketPig)的彩色範本實側。

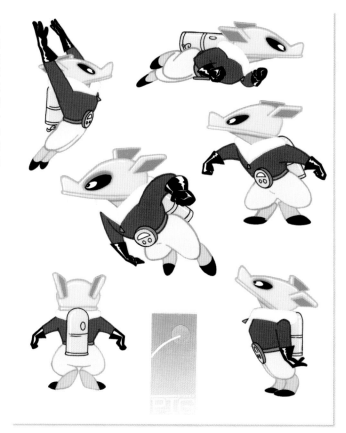

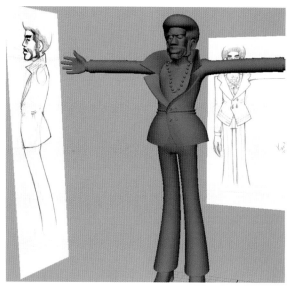

3D人物設計

一旦人物設計完成,就可以參照人物360°旋轉模型板來建立3D人物圖像。設計圖可以作為平面圖像直接輸入到3D的建模軟體中。

寫實主義

在很多日本動畫片或漫畫中都會出現結構和比例正確、寫實風格的人物設計,這種設計方式非常適合幻想類和動作類動畫片,但是和喜劇動畫卻有些格格不入。這些人物都是選自大友克洋(Katsuhiro Otomo)1988年製作的動畫片《阿基拉》(Akira)中。當時《阿基拉》橫空出世,片中的人物引起了西方動畫界對於日本動畫的關注。

作業

在進行人物設計的時候,要使用基本的圖形。然後看看自己到底能為人物擺出多少姿勢,檢驗自己設計的人物到底能有多少生動傳神。

參閱：宣傳工作（第134頁）與推銷自己（第136頁）

組織工作

即使是最短的動畫作品，製作起來也需要一個團隊進行合作。這個團隊中要有動畫設計師、技術人員以及執行人員。而製片人則發揮著組織安排、鼓舞士氣的作用，從而讓具體工作得以順利進行。

● 數位設計工作流程
一個短小的動畫作品中就會包含幾千個檔，這就要求製作人員的檔結構一定要一目了然、精準無誤，而且要按照一定的邏輯順序編保存。為自己設計一個常見的檔命名體系，這個體系一定要和你手頭的作品類型並行不悖。

製片人

一旦確定了專案的資金來源，製片人就需要擬定一份預算，計算因為工作團隊、材料、設備、保險、工作室、配音、關鍵人才引進以及交貨等所產生的成本。通常情況下，製片人同時還需要制定動畫製作的時間表，並在一段時間內安排部分工作人員進行製作工作。

製片人還要負責整合創意團隊，他就像足球教練要精挑細選自己的球員一樣，需要認真考核團隊中的每位成員。這本身就是一個技術含量很高的工作。製片人不僅要保證入選的設計師能夠勝任手頭上的工作，而且還要保證所有設計師能夠並肩作戰。

檔案管理

一個十分鐘長的動畫片就有可能會包含超過兩萬個元素，如果組織工作沒有做好的話，很可能會弄得一團糟。

使用電腦就可以運用數位技術進行動畫創作，但是需要完成的工作量和在製作過程中生成的檔案數量相當龐大，所以你必須制定井然有條的工作流程。例如，如果你在製作一部叫作《危險松鼠》（DangerSquirrel）的動畫，現在正好進行到第七組鏡頭中的第一個鏡頭，這個檔案名就可以命名為"DS_S7_T1"，或與之類似的格式。

這個檔應該保存在一個叫作"動畫作品"的檔案夾，並且作品的其他元素（包括背景、層次以及道具）應該分屬於專門的檔案夾。管理檔系統的方式完全取決於自己的喜好，但是管理方式最好在開始製作流程之前就提前敲定，同時確保自己或其他人會時不時地花一點兒時間進行妥善管理。一部動畫作品到了大功告成的階段時，通常會包含成百上千的檔，這些檔彼此間可以互為參考資料。同時，也要定時進行備份，否則如果硬碟出了什麼問題的話，幾個星期的辛苦成果可能都會蕩然無存。

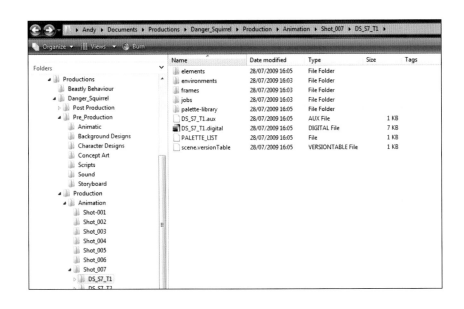

◄ 系列作品製作日程表
製片人需要為動畫連續劇或是劇情片制定製作日程表，安排團隊成員在製作過程中所要完成的具體工作。

關於組織工作的建議

- 如果是為自己的動畫作品擔任製片人，一定要擬定一份製作日程表，然後嚴格遵守這個日程表。
- 在製作日程表時，一定要留出相對充裕的時間，以免發生突發事件而沒有時間處理。在動畫製作的過程中，通常會出現一些始料未及的問題。
- 建立一個井然有序的流程，然後再按部就班地完成流程中的所有環節（本書已經對具體流程進行了提綱挈領的概述）。
- 不到萬事俱備的時候不要開始動畫製作的具體流程。一旦流程進行一段時間後再作出改動會非常困難。
- 定期將自己的工作成果備份到DVD或是其他存儲工具中。因為有時硬碟會莫名其妙地出故障。

	1	2	3	4	5	6	7	8	9	10	11	12	13	14	15	16	XM	AS	19	20	21	22	23	24	25
* Some Storylines need to be complete prior to production																									
SCRIPTS.																									
Writer 1 (4 wks per script inc any re writes)	1	1	1	1	8	8	8	8	14	14	14	14	21	21	21	21			28	28	28	28	35	35	35
Writer 2	2	2	2	2	9	9	9	9	15	15	15	15	22	22	22	22			29	29	29	29	36	36	36
Writer 3	3	3	3	3	10	10	10	10	16	16	16	16	23	23	23				30	30	30	30	37	37	37
Writer 4	4	4	4	4	11	11	11	11	17	17	17	17	24	24	24				31	31	31	31	38	38	38
Writer 5					5	5	5	5	12	12	12	12	18	18	18	18			25	32	32	32	32	39	39
Writer 6					6	6	6	6	12	12	12	12	19	19	19	19			26	33	33	33	33	40	40
Writer 7					7	7	7	7	13	13	13	13	20	20	20	20			27	34	34	34	34	41	41
STORYBOARDS (3 wks pr board inc rev)																									
Artist 1					1	1	1	5	5	5	9	9	9	13	13	13			14	14	14	18	18	18	22
Artist 2								2	2	2	6	6	6	10	10	10			15	15	15	19	19	19	23
Artist 3											3	3	3	7	7	7			11	11	11	16	16	16	24
Artist 4														4	4	4			8	8	8	12	12	12	25
VOICE RECORD	cast	cast			1 to 6			7 to 12					13 to 18						19 to24				25to30		
ANIMATIC																									
Editor 1									1		2+3	4+5		6+7	8+9				10+11	12+13		14+15	16+17		18+19
CHARACTER/LOCATION/PROP DESIGN					1	1	3	3	5	5	7	7+9		11	11+13	13			14	14+15	15	18	18+19	19	22
all main characters locked prior to start					2	2	4	4	6	6	8	8+10		10	12	12			16	16+17		20	20+21	21	24
DELIVERY OF PRE ANIMATION PACK TO STUDIO (NOT BG/LAYOUTS)					1+2		3+4		5+6		7+8			9+10					11+12	13	14	15+16	17	18	19+20
(INC SCIPTS/BOARD/ALL DESIGN/)																									
LAYOUTS																									
Artist 1									1	1	1	5	5	5	9	9			13	13	13	14	14	14	18
Artist 2												2	2	2	6	6			10	10	10	15	15	15	19
Artist 3														3	3	3			7	7	7	16	16	16	20
Arist 4														4	4	4			8	8	8	12	12	12	17
BACKGROUNDS																									
Artist 1									1	1	1	5	5	5	9	9			9	13	13	13	14	14	14
Artist 2												2	2	2	6	6			6	10	10	10	15	15	15
Artist 3														3	3	3			7	7	7	11	11	11	16
Artist 4														4	4	4			8	8	8	12	12	12	17
DELIVERY OF LAYOUTS AND BGS TO ANIMATION STUDIO															1				2.3.4,5			6,7,8,9		10	11,12,13
ANIMATION																									
Animation Team 1 x 6 animators 4wks inc re takes											1	1	1	1	2				2	2	2		10	10	10
Animation Team 2															3	3			3	6	6	6			11
Animation Team 3															4	4			4	4	7	7	7		12
Animation Team 4															5	5			5	5	8	8	8		13
Animation Team 5																			9	9	9	9			
COMPOSITING / AFTER EFFECTS																									
Team 1																			1	1	1	2	2	2	7
Team 2																						3	3	3	5
Team 3																						4	4	4	6
Titles and Credits (needs a mini schedule)	X	X	X	X	X	X	X	X	X	X	X	X	X	X		X		X							
MUSIC																									
stings/beds/happy/sad/fast/slow etc								X	X	X	X	X	X	X		X		X							
Assembly to picture																						1		3	2
FOLEY																						1		3	2
AUDIO POST inc MIX/TRACKLAY/TRANS																								1	3
OFFLINE																									
ONLINE																									
FINAL DELIVERY																									

Production roles (Gantt bars)

DIRECTOR	83 wks + 5wks spare prior to prod for pre script
PRODUCER	83 wks + 5 wks spare prior to prod for pre script
PRODUCER	78 wks +2 wks spare
ANIMATION DIRECTOR	54 wks
LINE PRODUCER	78 wks
ART DIRECTOR	47 weeks
STORYBOARD SUPERVISOR	
PRODUCTION CO-ORDINATOR	78 wks
PRODUCTION ASSISTANT	65 wks
SCRIPT EDITOR -	40wks in total - 5 prior to prod
EDITOR FOR ANIMATICS -	44 WEEKS
EDITOR FOR OFFLINE/ONLINE	54 weeks

製作

在一切規劃工作和設計工作都一絲不苟地完成之後，就可以開始流程中第二個關鍵階段——製作。在這一階段中，動畫工作者要賦予角色以生命，同時讓環境成為人物角色表現自我的舞臺。出色的鏡頭運用方式和照明效果會為整部動畫作品錦上添花。

動畫技術

現在有各種功能強大的數位動畫製作技術可供選擇。時下的動畫設計師通常會將不同的風格和技術融為一體，創作出塵脫俗、獨樹一幟的動畫作品。

剪紙動畫

數位動畫技術出現以前，剪紙動畫曾風靡一時。後來，雖然數位技術誕生，但卻因成本昂貴而讓大多數動畫工作者望而卻步。在這段時期，獨立動畫設計師通常採取剪紙的方式來製作動畫片。他們會把需要的圖像從美術作品或照片中剪下來，然後讓這些圖像在鏡頭中運動，或通過鏡頭效果對這些圖像進行進一步加工。而現在，我們則可以使用數位動畫套裝程式，製作剪紙動畫變得更加容易，花費的時間也更短。

停格動畫

停格動畫也叫"定格動畫"。製作時需要使用數位像機來逐幀記錄圖像，然後再進行即時播放。也可以把一些物品或是人偶放在鏡頭前面，每一格都做細微的運動，這樣連續播放就會產生運動的效果。

實體動畫

實體動畫和停格動畫從技術上來講大同小異，但實體動畫使用的不是模型或人偶，而是與實物等大的物體或真人。

2D數位動畫

"2D數位動畫"是對於一種類型的動畫作品的廣義描述，這種動畫作品也被稱作"手繪動畫"、"賽璐珞動畫"或"卡通動畫"。動畫設計師將圖像一格一格地畫在紙上或是數位圖形輸入板上。隨後，將圖像與背景組合起來，然後上色。使用合成軟體就能產生多平面攝影機（也就是動畫攝影機）的效果，使畫面層次更鮮明。

3D數位動畫

製作3DCGI動畫（3D電腦合成圖像動畫）需要使用電腦來創建幾何資料，隨後，電腦會根據這些幾何資料來建立3D圖像。當今，隨著電腦合成圖像技術的飛速發展，加工和渲染的時間都進一步縮短，這樣動畫設計師就可以同時創作寫實風格和個性十足的寫意風格的動畫作品了。

構圖

雖然從嚴格意義上來講，構圖算不上是動畫技術，但是創造性的構圖方式可以讓動畫設計師將不同來源的視覺元素綜合起來，逐層排列，最終讓觀眾相信所有元素本來就屬於這張圖像。設計師經常通過這種方式創造出獨樹一幟、別具一格的視覺特效。現在，設計師可以使用構圖軟體，輕而易舉地將真人實景、動畫片以及美術作品結合在一起（參照第118頁，瞭解更多關於構圖的資訊）。

動作捕捉

動作捕捉技術在許多領域都能大顯身手，它的應用不僅僅局限在動畫製作領域。使用這種技術首先需要一位演員配合完成一系列的動作，在他身上安裝的帶電感測器會將每個動作記錄下來。然後資料會被輸入3D軟體，電腦合成的人偶會原封不動地照之前那位演員完成的所有動作。動作捕捉技術應用的典範是《指魔戒》（The Lord of the Rings）一片中的格魯姆（Gollum）。

不常用的技術

實際上，還有許多不常用的動畫技術。作品中只要每幅圖像都是你自己創作、自己加工的，那麼你的作品就可以歸類為動畫作品。例如，有些動畫設計師就通過逐幀拍攝流沙圖像創作出了令人歎為觀止的作品；而有些設計師則是利用油滴在玻璃上產生的效果，另外一些人則是嘗試運用機械裝置來進行創作。怎樣將自己的想像力發揮得淋漓盡致完全要憑藉設計師自己的實力。

例如，"刮片"動畫就是一種製作過程中不使用攝像機鏡頭而產生有趣味的天然技術，使用這種技術通常會產生美輪美奐的效果，常常讓人歎為觀止。製作刮痕動畫需要直接在電影膠片上作畫，然後再製造刮痕，最後進行投影或數位處理。刮痕動畫作品看起來雖然未加雕飾，但圖像卻美觀大方，而且還洋溢了抽象派的意味，整個作品獨樹一幟的風格便十分鮮明了。

關於動畫技術的建議

- 不要單一使用一種技術局限自己的想像力，現在那些經典的作品大都是融合了各種技術的作品。

- 大膽嘗試，現在用於電影製作的數位技術成本較低廉，所以要盡可能多嘗試不同的方法。

- 挑戰使用軟體的新方法。不要滿足於軟體系統默認的設置，要通過不斷地試驗把軟體的潛能開發到最大化，同時形成自己的風格。

♦ 音景

諾曼・麥克拉倫（Norman McLaren）是動畫史上最有開拓精神的設計師，他在刮片動畫領域作出過很多大膽的嘗試，他不僅在圖片上進行試驗，而且還對音軌進行了刮痕處理，創作出風格標新立異的音景，最終完成了許多扣人心弦的動畫配樂。

♦ 刮片動畫

在20世紀30年代，列恩・雷（Len Lye）供職於英國的GPO電影公司。在這一時期，他通過使用刮片動畫技術創作出許多精彩絕倫的動畫片。這一格圖像很好地證明了使用這種技術能夠讓圖像的顏色和形態都具有強烈的生命力。

◄ 數位剪紙動畫

雖然深受特瑞・吉列姆（Terry Gilliam）的影響，但是《南方公園》（South Park）一片實際上是用3D軟體製作的。這部動畫片成功地還原了吉列姆作品中淳樸自然的剪紙風格。特雷・派克（Trey Parker）和馬特・斯通（Matt Stone）在《南方公園》中使用傳統的剪紙動畫技術製作了其中的一個原始鏡頭。

◊ 2D動畫

這幅2D數位動畫的圖像使用的圖形非常簡單,和圖片的視覺特效融合得天衣無縫。它的背景實際上是實景拍攝的圖片,人物是後期添加的。。

► 停格動畫

琳達‧麥卡錫(Linda McCarthy)以史蒂文‧阿普爾比(Steven Appleby)的連環畫為藍本,使用傳統的定格動畫技術創作了動畫短片《小鳥在歌唱》(Small Birds Sing)。這部作品是把牽線木偶放在鏡頭前,逐格拍攝,再通過進一步加工製作完成的。

3D動畫作品

在《兩個抬棺材的人》（This Way Up）一片中，導演史密斯和福克斯將3D技術製作的人物角色和手繪的背景結合在一起。

照片加工

通過使用數位剪紙動畫軟體以及對圖像進行加工，就可以創作出獨一無二的動畫角色。圖中的角色選自《我不是動物》（I Am Not an Animal），這部動畫片由蒂姆・瑟爾（TimSearle）執導，使用Celaction2D軟體技術完成。

停格佈景

這幅圖像出自《小鳥在歌唱》一片，是定格動畫作品中最具代表性的佈景。每一格圖像都是使用電腦數位技術抓取的，然後再按照故事發展的邏輯順序進行即時播放。

錄音

聲音是動畫作品中至關重要的組成元素，但是剛剛涉足動畫行業的新人往往會忽略這一點。這可能是因為他們大都以視覺主導思維方式，所以關於聲音可能對觀眾產生的巨大影響普遍認識不足。但是，聲音確實是動畫作品中非常重要的一部分，所以從項目開始我們就要高度重視。

通常情況下，動畫作品中的配音都是提前完成的，尤其是在作品中出現角色對話的時候，因為製作過程中要實現口形的同步，所以必須要提前錄好。設計師可以採取一切可行措施儘量實現配音的完美，不僅要保證技術含量，而且在處理配音的過程中一定要發揮充分的想像力。

● 單向電容式麥克風
單向電容式麥克風只能收錄來自一個方向的聲音，因此是非常理想的錄音器材。圖中的這只麥克風固定在一個特殊的支架上，這樣收音的時候能將共鳴的聲音和背景雜音降到最低。

如何與配音演員合作

動畫作品的成敗取決於配音的好壞，所以要選擇合格的配音演員。如果可能的話，儘量請專業的配音演員，因為專業配音演員不僅懂得如何拿捏時間、表達情緒，而且還具有一定的表演技能。動畫片中出色的配音應該熱情洋溢，同時又適度誇張的。對於那些以角色為主題的動畫作品更應如此。

在對配音演員進行指導的時候，要向他們提供關於角色足夠多的資訊。如果可能的話，也可以把角色設計方案拿給他們看，這樣有助於他們用聲音更好地詮釋角色，從而使作品能夠完美呈現。

設備

如果條件允許的話，最好在專業的錄音室　完成錄音工作。錄音室的設備應該都是一流的，同時還有專業的錄音師進行指導。但如果預算不足的話，那就只能自己完成錄音工作了。

麥克風

錄音效果最好的麥克風是單向電容式麥克風，這種麥克風只能收錄正前方的聲音，而不會收進背景環境的雜音；並且它能非常敏銳地捕捉人聲頻率。大多數優質的電容式麥克風都配有一個前置放大器，這個放大器可以將麥克風和電腦連接起來，同時為麥克風提供電源。拿麥克風的時候，手要握穩，保證麥克風和嘴在同高的位置上。錄音的時候要選擇比較安靜的地方。

軟體

現在有很多數位錄音軟體，比如Adoe Audition、ProTools、Audacity、AVS Audio Editor和Garage Band（Garage Band是iLife套裝軟體中的免費程式），這些軟體價錢都不貴，而且都可以用於語音收錄和語音剪輯。如果你喜歡的話，大多數的專業剪輯軟體，如Premier或Final Cut等也都可以用來錄音。●

專訪配音大師基斯·威克姆（Keith Wickham）

基斯·威克姆為很多風靡世界的動畫角色配過音。通過對他的這篇訪談，大家能夠對配音演員的工作有一定的瞭解。

Q 請向我們描述一下您有工作的日子一般都是如何度過的。

A 如果我不坐在電話旁等著有人找我幹活兒的話，我會穿梭於不同的錄音室之間，完成各種各樣的配音工作，比如為汽車銷售商錄製使用說明書，為洗髮護髮產品廣告或動畫片配音。有時候可能只需要一本正經地讀寫好的東西，有時候則要創造性地嘗試不同的聲音。

Q 您覺得怎樣才能找到最恰到好處的聲音？

A 這要視情況而定。有些時候，當看到劇本上的人物，馬上就知道配音時需要哪種聲音。腦海中靈光閃現，可能一下子就找到了。如果導演要我自己揣摩，實際上，大多數導演都會有這種要求，這時我會嘗試不同的聲音，然後找到最令人滿意，同時又最符合人物特徵的聲音。有些時候，也會因為完全沒有任何想法，所以需要嘗試各種各樣的聲音，最後再敲定到底哪種比較合適。

Q 您覺得在為動畫片配音時，最重要的一點是什麼？

A 讀臺詞的時候要脫口而出，而且還要保證準確性，在使用某種聲音或幾種聲音時，要保證前後一致。聲音要盡可能地滑稽，而且要充滿活力。在配音過程中，要時刻提醒自己正在扮演一條發音口齒不清的竹節蟲，然後調動身體中所有細胞演出一種優雅的感覺。

Q 為動畫作品配音與其他類型的表演或配音工作相比有什麼不同之處？

A 動畫配音和表演工作實際上相差無幾，因為給動畫配音要求配音演員要融入角色進行表演，而不是乾巴巴地讀旁白。可能性

一的不同就是動畫配音不會有排練，而且也不需要把臺詞背下來。

其他配音工作通常是要求配音人員推銷某種商品或是朗讀某些資訊。而動畫配音則要求配音人員給角色注入活力，同時聲音要有一點兒滑稽可笑。

Q 您是怎麼進入配音這一行的？

A 我在動畫製作團隊的時候曾為很多喜劇角色配過音，後來我將那些收錄我配音作品的磁帶寄給了大約一百家經紀公司，並被其中一家錄取了。與此同時，我還得到了出演廣播劇，同時兼寫劇本的工作，這樣我就接觸到了一家錄音室，認識了一個選角導演，這位導演手上有很多動畫片資源。他在聽了我的配音之後，就開始分配配音工作給我。我確實挺走運的。

Q 您覺得配音工作給您帶來了哪些收穫？

A 這份工作給了我自由發揮創造力的滿足感，也讓我有機會結識很多朋友，還有當向所有人證明這才是合適的聲音時，那種從心底油然而生的成就感。而且，這份工作也讓我收入不菲，但實際金額也沒有外行人想像得那麼誇張。

◄ **配音工作**

這張照片乍一看像是一位激情洋溢的樂隊指揮在指揮自己的交響樂團。但實際上，這是配音演員基斯·威克姆在為動畫片配音。為了完美詮釋角色，出色的配音演員需要一定的空間才能發揮出自己高超的水準；有時候，他們本人甚至可能會和動畫作品中的角色融為一體。

關於錄音的建議

- 一定要為角色錄製一些其他的聲音，比如氣喘吁吁、哄堂大笑、唉聲歎氣或其他情境中可能發出的聲音，這些聲音在後面環節也許會派上用場。
- 有些時候，可以直截了當地要求配音演員嘗試一下不同的演繹方式，但是要給予其足夠的信任，相信他們的表現是無懈可擊的。不要每句臺詞都讓他們重頭再來，要掌握一定的靈活性，不要食古不化。
- 如果可能的話，錄音時使用專業的錄音室。
- 建議在開始著手製作動畫之前就完成錄音工作。

◄ **出人意料**

在設定聲音的時候，可以考慮讓人們大跌眼鏡的一些設定。比如，讓恐龍發出尖利的吱吱聲，讓老鼠發出低沉的男中音等。

參閱：數位角色資料夾（第58頁）

2D動畫作品

除了角色設計和背景設計之外，道具設計也是動畫作品中不可或缺的要素。現在，就是設計師為自己的作品添加細節的時候了。

顏色模型

一旦你（或導演）對於作品的外觀形態滿意了，就可以開始精細設計所有元素了，這樣才能順利完成動畫作品。雖然這一環節的具體工作可能會因所選動畫技術的不同而略有不同，但設計師在這個環節都需要建立顏色模型來指明每個人物以及每件道具應該使用的顏色。同時，這套模型還應該體現所有的服飾變化，表現人物的不同狀態，比如，如果人物淋雨了、生病了或遇上其他什麼狀況，需要在外觀設計上有所體現時，所涉及到的顏色變化都需要在模型上呈現出來。如果有些故事情節是在晚上發生的，設計師通常還需要另外訂立一個夜景下的調色板。

停格動畫的顏色模型看起來有點類似設計圖，上面標明了在建模的時候應該採用的材料以及人物的具體尺寸。對於電腦生成的圖像而言，設計師在顏色模型中還要加上材質或表面的樣本，以及詳細的人物360°旋轉圖。

如果動畫作品中涉及到很多角色，建議設計師先繪製一張演員"全體照"，讓所有的演員站成一排。這樣，對於其他動畫工作人員來說，角色之間的比例關係就一目了然了（參見下圖）。

▌角色陣容
一張角色陣容圖能讓製作人員清楚地認識到各個角色之間尺寸的對比關係。對於製作作品選集或設計方案來講，模型板是不可或缺的一部分。

希伯來　　寶拉　　查克　　肖恩　　夏洛特　　蜜雪兒

► 色彩問題

一定要注意的是，許多顏色在不同的介質上效果是不同的。比如，很多視頻信號無法區分不同紅色之間細微的差別，所以經常會出現過飽和的現象。雖然這個問題對於解析度高的設備來說不是什麼大問題，但是需要注意的一點是，與電視螢幕相比，大多數電腦螢幕對於色彩的顯示會更加精確。為了保證彩色基準的高精准度，建議使用準確的RGB色值來標記插圖的顏色。

襯衫的顏色太亮了，腰帶和鞋子的顏色還可以

襯衫：RGB（75，98，173）　　皮膚：RGB（247，215，188）

► 備選調色板

如果作品中有些場景設定在晚上，那麼就需要為作品中的角色另外設置一個夜景調色板，這樣角色在夜景鏡頭中才能和背景融為一體。

在第三幅圖片中，角色的表情和服裝樣式與前兩幅圖片一模一樣。但因為皮膚和衣服的顏色發生了變化，所以人物的情緒也發生了改變。

襯衫：RGB值（0，130，192）

皮膚：RGB值（214，205，216）

2D動畫作品

關於2D動畫作品建議

- 使用可以分辨大小的物體作為參照物，這樣動畫製作人員就可以在對比之後得出道具的尺寸，否則他們可能會拿捏不准，從而把道具做得過大或過小。

- 大多數數位介質都有色彩飽和度的法定範圍，一定要在最終介質中進行試驗，保證不會出現顏色過度飽和的現象。

- 訂立一個道具清單，將分鏡腳本從頭到尾流覽一遍，看看還需在什麼時候什麼地方對道具或服裝進行調整改動。

- 研究色彩理論，瞭解更多關於色彩的知識。

妮娜　　伯里斯　　S先生　　盧克　　莎倫　　狄安‧吉羅　　雙胞胎

道具

如果你是一部真人實景電影的美工設計師，那麼你就要花費很多心思去關注服裝和道具的設計，其實製作動畫作品時也是如此。你要提出詳細的道具設計方案，包括車輛、服裝配飾、家用電器以及食物等，設計作品中的每一樣道具是一項非常重要的工作。作品的總體設計一定要包含道具設計。

一名出色的道具設計師不僅要對時尚和產品設計瞭若指掌，同時也要對文化和歷史有一定的瞭解，因為這些因素都會對道具設計產生影響。你所製作的作品可能是以過去某一歷史時期為背景，這樣就需要對當時的歷史文化背景有一定的瞭解。作為一名設計師，你必須保證自己的設計準確無誤，不要出現張冠李戴的現象。在這個環節，你做前期調查研究時搜集的參考資料，比如情緒板或素描本等就都會派上用場了。

▲ 造型板
製作造型板的目的是為了保證角色的顏色和設計外觀在作品中從始至終都保持一致。常用的道具在造型板中應該放在角色的旁邊，這樣可以讓兩者之間的大小比例關係一目了然。

☛ 服裝
即使角色個性十足，也一定要保證你的視覺研究資料精准無誤，而且服裝設計一定要和作品相匹配。在這幅圖中，我們可以看到大馬戲團兄弟穿著世界各地的奇裝異服。值得注意的是，設計師通過道具設計和服裝設計中的奇思妙想讓人物的個性特徵躍然紙上。

◀ 參考模型
可以使用多角度的顏色模型來確認所有的圖案和材質，在進行道具設計的過程中千萬不可以掉以輕心。以RGB值為基礎的參考色可以保證顏色前後一致，避免製作團隊中出現資訊混淆不清的現象。

作業

觀看一部動畫短片，或者從動畫故事片中截取一個片段，記錄一下每個鏡頭中都出現了多少道具。注意設計師採取了哪些方法讓道具設計和作品的整體設計結合得天衣無縫。

道具設計

設計角色使用的道具或設計與角色相關的道具時，一定要考慮到風格、功能性以及實質用途等幾大要素。

道具和角色的繪畫風格一定要渾然一體。比如，如果作品中的角色是寫實主義風格，但在設計道具的時候卻為角色配上滑稽漫畫風格的道具，那麼作品看起來就會不倫不類。

設計師要隨時地捫心自問，道具看起來是不是真的能用？如果角色需要使用道具，坐在道具的某個部分或是隨身攜帶道具的話，那麼道具的尺寸與角色的比例是否合適？

🖊 從事實出發
如果你對於某件物品一無所知的話，千萬不要憑空想像地進行設計。

🖊 誇張
如果想要設計出充滿漫畫風格的道具，就要對相關物體的形態和功用進行適當地誇張處理，同時忽略一切無關緊要的細節。

參閱：角色設計（第40頁）及技法與練習（第88頁）

數位角色資料夾

建立井井有條的數位角色資料夾對於任何類型的動畫製作都是非常必要的，資料夾中可以存儲各種的2D元素。

在數位技術廣泛應用之前，製作剪紙動畫是一件非常麻煩的事情。設計師需要從圖片上分別剪下不同的部分，比如眼睛、手臂、腿等。然後，再用攝像機進行拍攝，拍攝完以後還需要把它們儲藏在箱子 。這些元素很容易破損、丟失或是磨損到不能再用。

現在，設計師可以使用數位技術來完成這項工作，使得這個環節變得簡單了許多。很多動畫軟體套裝程式都可以用來創建資料夾，設計師可以將自己所有的數位角色元素都保存在資料夾 。考慮到一部動畫片會涉及到數千個不同的元素，所以將這些資料夾管理得井井有條是一項非常重要的工作。

你的角色應該很容易拆分成不同的元素。為了提升設計角色轉化為動畫作品的潛力，需要對角色進行最大限度的拆解。拆解出的獨立元素越多，預示著最終的動畫作品會更為傳神，也會更為有趣。

大多數軟體在使用時都可以通過移動控制點的方式來移動元素。所以如果你在為角色設計胳膊，就可以將控制點安插在手臂上端靠近肩膀的附近。

合理設計角色

在進行角色設計時，一定要時刻思考自己的設計方案是否能順利地轉變為動畫作品，思考設計方案是否真的合情合理。很多動畫界的新人設計出來的角色美輪美奐，但是卻過於複雜，轉化為動畫作品的可能性基本上為零。在動畫角色設計領域，"極少即是極好"這條法則顯然非常適用。

事實

創作單個元素

角色設計完成後，你就可以開始創作單個元素了。最開始的時候，這些元素可能只是些通用元素，比如眼睛、嘴、胳膊和腿等。但是隨著與角色相關的故事情節的不斷發展，設計師也會進一步豐富元素內容。大多數的數位動畫製作和剪輯套裝軟體都支持輸入點陣圖或向量，所以在創作單個元素的過程中，可以使用自己得心應手的繪圖軟體；那些非原始技術不用的設計師甚至可以在掃描圖像上進行創作。

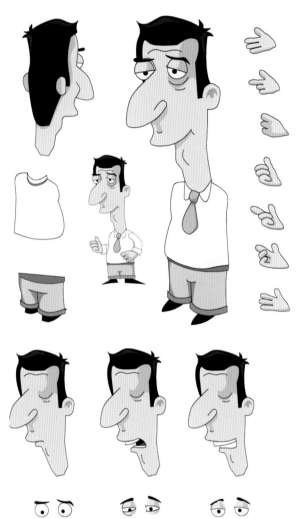

拆分角色元素

從這個例子中，你就可以看出設計師在設計如此簡單的一個角色時有多麼細心了。正因為這樣，角色的頭部、眼睛、瞳孔、嘴巴、眉毛甚至連他的帽子都可以一一拆解下來，這就使動畫製作人員的工作具備了一定的靈活性。動畫製作人員可以通過逐格操控或移動所有獨立的元素來創造出各種各樣的人物表情，同時也能讓口形與聲音同步，產生更好的視覺效果。

建立角色資料夾

一個設計完成的角色應該可以在動畫作品中轉換為不同的姿勢和不同的面部表情。在這一點上我們可以參考上面的實例，看看設計師是如何對《吉爾默頓山莊》中達倫（Darren）這個角色進行元素拆分的。

角色資料夾在動畫製作過程中如何大顯身手

在這幅圖中，我們可以看到《吉爾默頓山莊》一片中的兩個角色正在進行互動。如果設計師在建立角色資料時非常用心，那麼動畫製作人員就可以專心致志地完成真正的製作工作了，這將大大提高他們的工作效率、縮短製作的時間。注意：在這張圖片中，達倫拿著一根香蕉。角色設計師之前就已經預料到這一點，所以他要保證製作人員能夠在資料夾中找到拿著香蕉的手。

關於資料夾的建議

- 為元素命名的時候要做到條理清晰。例如，"手臂-1"要比"手臂-右"更合適，因為如果將人物翻轉過來的話，人物的左右邊就對調了。
- 最大限度地對角色進行元素拆解，這樣會為動畫製作帶來很大的靈活性。
- 不要讓設計流程草草收尾，然後迫不及待地開始動畫製作環節，這會影響最終動畫作品的品質。
- 讓自己的設計簡潔大方，引人入勝。
- 管理資料夾要採取一定的方法——其他人可能也要進行流覽。

參閱：場景設計（第36頁）

背景

如果沒有背景的話，畫面就會顯得不完整。背景可以是複雜的3D圖像，也可以是簡單的彩色設計作品。

製作傳統的賽璐珞動畫時，要把角色謄寫或直接畫到賽璐珞或膠片上。接著，動畫製作人員需要把賽璐珞或膠片放在背景作品的上面，然後再逐格拍攝。這種做法從20世紀30年代一直延續到20世紀90年代中期，之後，隨著數位技術的誕生，圖像逐層疊加合成的工作就開始由電腦來完成了。數位科技的問世意味著使用膠片和多平面攝影機帶來的限制早已成為陳年舊事。同時，背景設計師利用這一技術也可以創作出更多精雕細琢的多層次圖像作品。

除了使用紙稿以外，背景設計師現在還可以從五花八門的繪圖套裝程式中選擇喜歡的數位軟體進行創作。使用數位技術創作2D動畫和3D電腦合成圖像的不同之處在於，前者不需要建模，也就不需要進行一系列設定材質和渲染工作。但是，有些設計師也可以讓2D作品產生3D作品的效果。他們對2D平面和圖層進行進一步加工，就可以創造出極其複雜的景象。除非遇上火眼金睛的內行人，否則這些圖像在大多數人看來都是毋庸置疑的3D作品。

大多數軟體可以類比手繪技法的風格。對於設計師來說，這就意味著在創作中可以使用多個圖層，或在顏色運用上有更廣的選擇範圍，這樣就可以增強創作工作的靈活性。

無論採取的是哪種風格，使用的是什麼技法，都要保證作品中的背景從始至終要前後一致，同時讓人覺得真實可信，這是背景設計中至關重要的一點。但是談到背景設計，有一點似乎更為重要，那就是背景不能喧賓奪主，搶了情節的風頭。一個優秀的背景設計會讓影片本身成為關注的焦點，而不是和影片分庭抗禮，爭奪觀眾的注意力。

▸20世紀50年代的風格

一些20世紀50年代的經典工作室對動畫設計產生了深遠的影響，他們的風格在現在的動畫設計作品中仍然清晰可見。來自Pixel Pinkie動畫公司的詹姆斯·布朗（James Brown）在完成這幅背景作品時就有向20世紀50年代的風格致敬的意味。

🗂 作業

對於背景設計師來說，一個重要的要求就是要懂得用光。有一種不錯的練習方式，就是把一個靜物擺在暗處，然後用強光照射，將自己看到的景象真實地畫出來，突出光和影的強烈對比。可以使用油性顏料來呈現傳統的手繪風格。

專訪背景設計師凱西·尼科爾斯（Kathy Nicholls）

凱西原本是插畫專業，她曾在雜誌社和廣告公司任職，隨後，她才成為一名專職背景設計師。她的作品包括一系列的商業廣告、動畫片以及獲獎動畫短片。她現在也沒有完全放棄插畫的工作，同時還在寫一本少兒讀物。

Q 您在設計背景的時候通常會遵循怎樣的流程？

A 如果作品的規模比較大的話，背景設計工作通常是由幾位設計師共同完成的。我們會把分鏡腳本當作藍圖，然後由負責規劃的設計師用鉛筆在紙上畫出相較於分鏡腳本上的圖像更為細緻、尺寸更大的背景圖片。接著，這張規劃圖會傳到我的手裡，我會將它們轉化為直接用於動畫製作的背景圖片。規劃圖通常會簡單勾勒一下構圖，而且還會包含關於背景如何打光的資訊。

Q 為動畫設計背景與一畫書本插圖有什麼不同？

A 雖然一些動畫作品的背景圖片和書中的插畫看起來十分相似，但二者有一個本質的區別，即背景就像是打著一束柔光，等待人物登場的舞臺，柔光的落點就是整個畫面的焦點。

Q 作為一名背景設計師需要具備哪些基本技能？

A 作為背景設計師一定要多才多藝，至少要懂得如何用光，同時還要有出色的繪畫技能。此外，背景設計師還要對色彩有相當的敏感度，而且還要知道如何創造意境幽遠的空間，讓風景漸漸消失在遠方。與動畫製作環節中其他工作一樣，背景設計師的職責是為作品中的故事情節服務，動畫作品中還有成百上千個要素都要完成相同的任務。作為背景設計師，要學會不要過高估計自己工作的重要性。

Q 您的靈感來源於誰，或是什麼事情，什麼事物？

A 作為背景設計師，你需要從作品的相關主題中尋找靈感。例如，我有一陣兒一直在給《芭蕾小精靈》（Angelina Ballerina）一片創作背景，需要在作品中描繪在河邊生長的植物，所以，我不由自主地關注樹木以及灌木叢的輪廓，觀察光線落在不同形狀、不同顏色的葉子上的狀態。有時候，我都像走火入魔了一樣，本來在公園裡散步是一件愉悅的事情，但是因為過度的關係，這種美最後成了我苦不堪言的負擔。我還喜歡欣賞設計師或插畫家的作品，然後嘗試掌握他們的工作技法，尤其是像倫勃朗（kambrandt）和魯本斯（Rubens）這樣的大師的畫法。

Q 對於剛剛進入背景創作這一領域的新人，您有沒有什麼建議？

A 在素描本上進行一系列的寫實繪畫——出色的繪畫技巧是勝任動畫製作行業很多工作的基本條件。當你對自己的繪畫技巧胸有成竹的時候，可以去找一份試用工作，參加正在進行某個專案的動畫製作團隊。雖然可能拿不到任何報酬，但是你可以從這份工作中學到很多知識，而且這個團隊也可能從你的作品中看到你的潛力，說不定會因此而雇用你。

Q 作為一個背景設計師，您覺得最大的收穫是什麼？

A 這份工作做起來很開心，會讓你覺得你是團隊的一份子，整個團隊都朝著同一目標努力，你們要共同完成一個龐大的工作，這和那些僅憑一己之力就能進行的工作完全不同。當動畫最終上映的時候，身臨其境地體會自己對於最終成果的貢獻是一件非常激動人心的事情。

Q 那麼最大的損失呢？

A 背景設計師需要長時間地工作，工作時必須認真負責，專心致志，這種工作強度對於剛剛組建了家庭的人來說真的是一個巨大的考驗。

🔻 傳統繪圖效果

背景設計師凱西·尼科爾斯運用傳統繪畫技法創作了這幅非常有氣氛的背景作品。在繪製房間傢俱的時候要注意細節，通過燈光和色彩的使用將觀眾的注意力吸引到爐火上。

關於背景的建議

- 如果你喜歡採用傳統方式在紙上進行背景創作的話，一定要使用高級掃描器將作品掃成600dpi的圖片，或者直接使用高級數位相機拍攝。
- 一定要從規劃圖這一步驟開始，在人物出場的位置不要畫任何物品。
- 在風格和色彩方面不斷進行嘗試。
- 不要讓背景過於複雜，要為人物登場留出空間。

舞臺設定

鏡頭設計的一個關鍵部分就是設計人物登場方式，以及人物在舞臺上的表現，這樣整個鏡頭的目的才一清二楚。

我們的眼睛會對圖像進行掃描，"閱讀"圖像中隱藏的資訊，就像我們在閱讀雜誌或書籍一樣。作為觀察者，我們會不斷尋找線索，看看這個鏡頭到底想要傳遞什麼訊息。這個訊息可能是一種情感，可能是一個笑料，一種行為，也可能僅僅是一種戲劇的感染力。如果傳遞的訊息不夠一目了然，那麼觀察者就會出現誤解，甚至會一頭霧水。

人的目光總是會不由自主地落在運動的物體上，無論是眨眼這種小動作，還是其他更加明顯的運動，都會吸引人們的注意。所以不要在鏡頭中添加會分散觀眾注意力的運動。但如果在一個鏡頭中，幾乎所有物體都在運動，那麼觀眾的眼睛則會注意到一動不動的物體。在一個鏡頭中不要讓幾種物體同時運動，這樣會讓畫面看起來過於凌亂。這一點對舞臺設定來說是非常重要的。

構圖

觀眾的注意力會落在哪點完全取決於鏡頭中各個元素擺放的位置。西方觀眾一般習慣於從左向右看，所以在圖像左側出現的物體通常會吸引他們的眼球。你可以通過運用角色、道具、景色，以及深度、焦點、照明來圈定圖片的焦點。不要忘了，你還可以通過使用3D空間、調整鏡頭角度以及透視效果來實現自己的目的。

角色編排

把角色放在有趣的位置，同時注意不要讓他們完全對稱。如果一個畫面中要出現多個角色，安排位置時不要互相遮擋，想像著自己正在把他們放在舞臺上。不要過多地使用正面或是正側面，因為角色從3/4的角度來看是最吸引人的。從設計師如何安排角色位置，就能夠看出這個鏡頭究竟要傳遞什麼情感或是情緒。

◢ 尋找關注中心點

這種構圖方式形成的關注中心點是花朵。原因如下：我們的目光從圖像的左側進入，然後順著女人的手臂，最後落在花朵上面。接著，我們會停頓一會兒，看看伸手把花交給別人的小孩。然後，我們的目光繼續前進，移向右側，注意到另外兩個人物。很顯然，鏡頭是以左側的女人和小孩為中心。鏡頭中所有的人物都看向孩子和花朵，從而進一步明確了關注中心點的位置。

◢ 發現問題

這個鏡頭在舞臺設定上存在以下幾個問題：首先，整個鏡頭 沒有關注中心點，而且前面的一個人物擋住了另外一個人物的臉。另外，人物的大小也有問題——她本來是不是應該更高？再者，在使用文字的時候一定要小心，因為觀眾出於本能會想要知道寫的是什麼內容，可能會因此而忽略故事情節。

事實

查理·卓別林（CharlieChaplin）曾經説過，"他只需要一個公園的座椅、一個員警和一個美女就可以構建出一幅喜劇場景"。這句話至今仍為人津津樂道。

📂 作業

隨意挑選一部真人實景的電影，然後暫停在一個鏡頭。將這個鏡頭的內容畫出來，注意情節的中心在哪兒，鏡頭設置在哪兒，演員的位置在哪兒，以及如何通過燈光效果來烘托情緒。這個鏡頭中如果出現了道具，那麼再看一下演員是如何使用道具的。。

關於舞臺設定的建議

- 通過使用道具讓人物形象更加飽滿，比如設計角色手中拿著一束鮮花。
- 避免角色對稱分佈。如果角色能稍微偏離中心，而且姿勢值得玩味的話，那麼這個鏡頭看起來就更加有趣了。
- 避免把過多的故事情節安排在同一鏡頭中。最好將這些情節分解到多個鏡頭中去。
- 如果想要強調角色的掙扎，可以讓角色從螢幕的右邊移動到左邊。這種移動方式和觀眾觀看鏡頭的正常方式相反，所以觀眾在潛意識中會覺得不舒服。
- 想像角色只能看到輪廓，那麼他們的活動仍然顯而易見嗎？
- 鏡頭角度沒有統一標準，所以要選擇和當下這則畫面最為匹配的角度。選擇鏡頭角度時還要考慮當下這種情境中人物的心理狀態。
- 如果某個情境本來就一點兒都不激動人心的話，就不要刻意煽情。
- 在角色周圍留出充裕的空間，讓情節得以順利發生。

◢ 看著不舒服的舞臺設定方式

這個鏡頭中的舞臺設定是錯誤的。鏡頭中沒有留出空間讓角色可以指向某物，這樣的鏡頭看起來會給人不舒服的感覺。

◢ 修改後的舞臺設定

光是舞臺設定需要重點考慮的因素，光用得好可以創作出更好的構圖。在這幅圖中，角色有了充足的活動空間，而且角色伸出的手指和螢幕的邊緣之間還有一定的距離，這樣的鏡頭看起來會給人舒服的感覺。

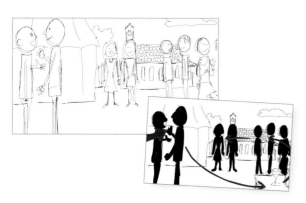

◢ 設定失敗的鏡頭

這個鏡頭 沒有任何關注中心點，觀眾根本就不知道應該往哪兒看。假設我們想要讓觀眾注意這幀圖像中心位置的兩個人，那麼為什麼這兩個人沒有引人注目的感覺呢？我們審視這個鏡頭時，目光會在左邊的角色身上停留片刻，因為從構圖的角度來講，他們佔據主要的位置。接著，我們的目光會右移，然後才能看到處於圖像中間位置的兩個角色。這也是這個鏡頭設定失敗的原因所在。

◢ 重新調整元素

重新思考舞臺設定的方法之後，我們就可以對原有元素進行調整，讓觀察者把注意力放在正中間的兩個角色身上。觀察者的目光會直接落到中間位置的兩個角色身上，因為她們不僅佔據了畫面的中心位置，而且也是鏡頭的關注中心點。這樣，兩個角色似乎有更為充裕的空間可以進行活動，而且她們採用3/4角度的站姿，看起來更吸引人。

參閱：運動（第84頁）

運動理論

動畫製作不是簡單地讓物體動起來的過程，而是一門給予非生物生命的藝術。

動畫製作這門手藝是個精細活兒，熟能生巧，需要持之以恆，也需要有一定的天賦。在動畫的世界裡，動畫製作人員實際上扮演的是演員的角色——他們真的賦予了那些無生命的物體以生機和活力，同時也讓角色具備一定的性格特徵和行為特徵。無論是2D作品還是3D作品，所遵循的動畫製作原理和規則實際上是沒有太大差別的。使用電腦技術製作動畫並不比使用鉛筆或陶土來得簡單。實際上，前者操作起來可能更難。

每個動畫製作人員的工作方式都是截然不同的；他們注重培養自己與眾不同的創作技法。也正是因為動畫製作者獨樹一幟的風格，才會有人特意聘請他們負責某部作品的製作。這就好像有些演員因為對塑造某種角色特別有天分，所以才會受邀出演某部電影一樣。

一個動畫製作人員必須對一切細枝末節都洞察入微，同時還要對人體結構和比例有一定的瞭解，並且對物理定律有一定的認識。像微微蹙眉這樣簡單的面部表情在某些情境中可能比千言萬語都要精彩，這就要求動畫製作人員一定要善於觀察才能發現這一點。與人體結構和比例相關的知識也是動畫製作人員不可或缺的常識，這樣他們才能讓自己設計的角色以正確的方式運動；即使卡通角色也會受到骨骼運動局限的限制，否則觀眾就會覺得角色缺乏真實性。當然，如果情節需要的話，卡通角色伸展或是扭曲身體的時候也可能會出現非正常的姿勢。但是如果角色胳膊彎曲的方向是錯的，雙腳扭起來看著就彆扭，或頭部動不動就360度旋轉，那麼整個人物看起來就會讓人覺得不順眼。

▾ 使用數位技術製作動畫也不簡單

有人認為使用電腦技術不僅會讓動畫製作過程變得簡單，而且還可以減少製作時間，降低成本。這種說法是毫無依據的，而且根本就是錯誤的！當然，電腦可以讓製作人員從那些重複性的體力勞動中解脫出來，但是一部優秀的動畫作品還是需要製作人員具有純熟的技藝，同時具有一定的耐心，一格一格地完整部作品的製作。

解決時間掌控問題

如果不知道製作動畫需要從哪兒入手的話，不妨自己表演作品中的情節片段，然後用攝影機記錄下來。這種方法在很多動畫製作人員和動畫導演中廣為應用。如果想要保證作品的品質，而且在時間掌控上不出差錯的話，這是內行人強力推薦的一種方法。這段錄影在動畫製作過程中具有一定的指導意義，而且通過觀看錄影你可能會發現一些原本沒有考慮到的細微動作，這就幫了你的大忙。

► 草圖

無論你採用的是哪種動畫製作技術，在開始具體的製作過程之前都應該在紙上畫出人物擺著關鍵姿勢的草圖。這些草圖只是用來參考，所以寥寥幾筆的信手勾勒就足夠了。

一個動畫製作人員在製作過程中還要考慮到物理定律。當然，作為動畫人，你完全可以打破這些物理定律，以此來表現自己天馬行空的想像力，但前提條件是你必須事先對這些定律瞭若指掌，不然談何打破。例如，如果一個物體從樹上掉下來，物理定律決定了它會直接落地，而且在空中墜落的過程中速度會逐漸加快。如果一個物體落下來的時候向著其他方向運動，或者停在半空中一動不動，那麼從物理定律的角度來講，這種描繪就是錯誤的。如果動畫製作人員想要達到誇張的效果就需要運用一定的技巧來打破這些物理定律。恰克·瓊斯（Chuck Jones）就進行過這樣的設定，即讓懷利·凱奧特（Wylie Coyote）從懸崖峭壁上一步踩空，然後在半空中停上幾秒鐘，這樣他就能利用這幾格的鏡頭來誇大後面墜落的效果了。

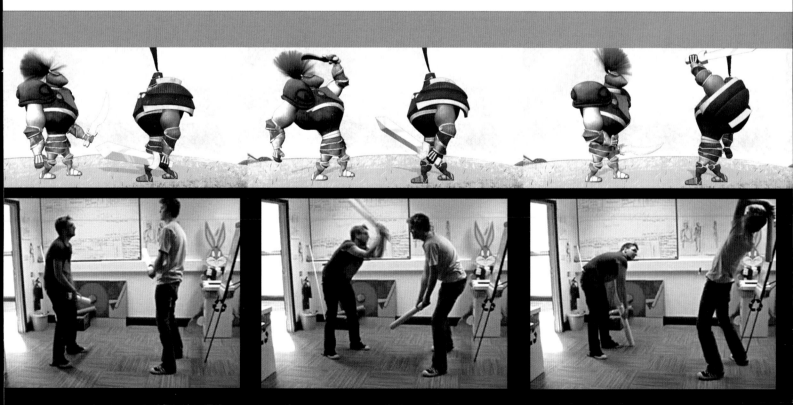

鏡頭規劃

如果你要製作一幕場景或是一個鏡頭，一定要按捺住自己躍躍欲試的衝動，簡要對製作過程進行一定的規劃，確認以下幾個問題，然後再開始具體的製作工作。

● 人物的動機是什麼？
角色要採取某種行動總是要有一定原因的，如果沒有合適的理由，那就乾脆讓角色一動不動地站在那裡。

● 角色的個性特徵是什麼？
在開始考慮製作過程之前，就應該對角色的個性特徵瞭若指掌。就像演員一樣，你需要完全融入作品。

● 觀察與詮釋
將自己遵照故事情節的表演用攝影機記錄下來，然後一格一格地分析運動情況，把可能構成情節核心的關鍵姿勢用草圖描繪出來。

● 規劃關鍵的姿勢
如果你已經決定了自己演繹情節的方式，就可以將關鍵姿勢的草圖繪製出來。然後使用碼錶估算出相鄰兩個姿勢之間間隔的時間。不管使用哪種製作技術，這都是不可或缺的一個步驟。

● 情節的舞臺設定
通過使用透視效果以及對空間的掌控儘量讓自己的動畫作品看起來充滿活力。

● 把作品"測一遍"
在草稿階段就需要對作品進行一次測試，看看時間的把握和姿勢的設定是否還存在問題。如果整部作品看起來過於繁雜的話，就應該剔除一些不太重要的姿勢。使用數位技術進行製作的好處就在於，你可以不斷地對角色姿勢進行再加工，進一步調整，直到動畫作品終於有"活靈活現"為止。

使用"onion skinning"（洋蔥皮）功能，你就可以看到之前所繪的圖了。

使用者可以應用繪圖視窗來使用數位技術繪圖，或為作品描黑。

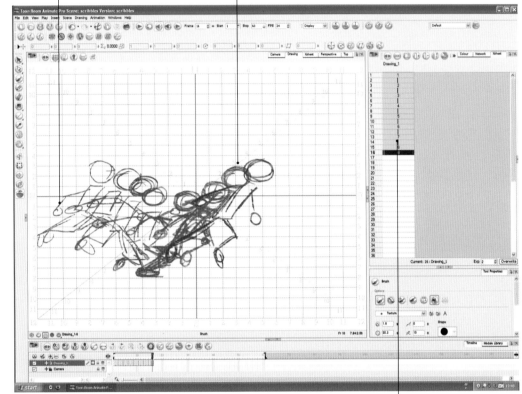

"exposure sheet"（攝影表）用來控制動畫作品的時間。

◊ 2D數位作品
使用數位軟體來製作2D動畫作品需要的技能和使用傳統技術進行製作的技能一樣。大多數2D軟體均允許使用者將手繪圖直接掃描到電腦中。或者如果你更傾向於"無紙作業"的話，可以使用手寫板直接在電腦上繪圖。

► 製作3D動畫作品
在製作動畫作品的時候，動畫製作人員從始至終都要注意，那些外在的物理因素是否會影響到角色的動作。所以說，一個動畫製作人員需要同時扮演員、手藝人以及科學家等多重角色。

在 "Main control window" （主操作介面）中，
製作人員可以隨意操控自己的角色。

"time slider" （時間滑動棒）可
以拖到動畫作品中的任何一個地
方。

通過 "channel box" （通道面板）
和 "attribute editor" （屬性編輯器）
製作人員可以操控物件的各種特徵。

3D數位動畫

使用數位技術製作3D動畫，實際上和使用
傳統方法利用人偶來拍攝動畫作品有著異
曲同工之妙。但是在停格動畫中，製作人員
需要事先製作和組裝人偶，然後才能利用
這些人偶來進行動畫製作。雖然電腦也能
幫助動畫製作人員來完成中間格的製作，
但是製作人員還是需要將角色與時間對應
起來，這樣動畫作品播放時才不會出現問
題。

參閱：預備動作（第74頁）

伸展與收縮

為了創作出生動、流暢的動畫作品，無論是2D作品還是3D作品，製作過程中最重要的一個原則就是讓角色進行伸展與收縮的運動。

在對某個角色或某個圖形進行動畫處理的過程中，新手常遇到的問題就是他們製作出來的角色有時看起來會死氣沉沉。我們說動畫製作人員的工作就是賦予原本沒有生命的物體以生命，而不是簡單地將一些圖形從一個地方搬到另一個地方。所以，在此向大家介紹一些基本原理，可以讓你的動畫作品充滿生氣和活力。其中最重要的一個原理就是"伸展與收縮"。按照字面的意思理解這一法則就可以了。應用這一法則實際上就是讓自己作品中的角色進行伸展和收縮的運動，這樣就可以誇大角色的動作，從而讓這些角色給人栩栩如生的感覺。

無論是哪種形狀的物體和角色都可以應用"伸展與收縮"這條法則。這條法則可以幫助動畫製作人員使自己的作品顯得更加真實可信，更有說服力，同時還能提高作品的品質，增強整個作品的完整性。而要在動畫作品中使用多少次這種法則則取決於以下幾個因素。

► 觀察球的彈跳

如果觀察第一個以球為主題的動畫片段（圖A），你就會覺得圖像過於刻板，缺乏生氣。沒有人會相信這個動畫片段是在描述球的運動。

但是，如果你看到的是第二個片段（圖B），你就會覺得這個圖像更加真實可信，而且也更流暢。這是因為動畫製作人員在球墜落的過程中添加了伸展的效果，在球撞到地面的時候加上了收縮的效果。在第三個片斷（圖C）中，製作人員進一步延伸了這一思想。

- 要對其進行動畫處理的物體是由什麼材質構成的——橡膠球與實心的保齡球相比，伸展和收縮的幅度會更大。但是，所有的物體都會出現伸展和收縮的現象。

- 要進行動畫處理的物體到底有多大，有多重——一隻裝滿沙子的袋子和一隻裝滿羽毛的袋子伸展和收縮的情況必定截然不同。

- 物體運動的速度——物體動得越快，你使用的伸展效果就可以越大越明顯。如果發生了碰撞現象的話，使用的壓縮效果也可以更明顯些。

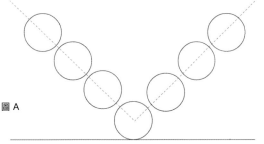

圖 A

關於如何處理運動的建議

- 注意，圖像的大小（或面積）始終是不變的，參照下圖。

- 遵守物理定律！如果想在自己的動畫作品中呈現出真實的彈跳情景，最後圖形應該自然地停下來，要慢慢地減速或逐漸失去速度，這樣才是真實可信的。

- 在創作3D組裝模型的時候要考慮到伸展和收縮的因素，讓模型盡可能靈活。創作出一個僵硬的模型是動畫製作中最大的敗筆。

- 觀察真實物體的運動情況——用攝影機拍攝下來，然後再一格一格地仔細觀看。

作業

如果你正在進行的是3D作品製作，那麼請為自己設計一個簡單的球。然後用動畫效果表現三種球彈進鏡頭再最終停止的畫面，這三種球分別為乒乓球、籃球以及保齡球。在創作過程中要時刻銘記伸展和收縮的原則，並對其進行合理應用，看看這種處理方式會對你的作品產生怎樣的影響。

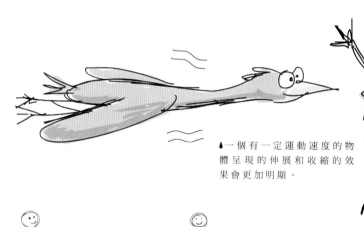

◢一個有一定運動速度的物體呈現的伸展和收縮的效果會更加明顯。

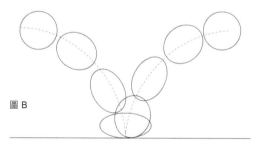

圖 B

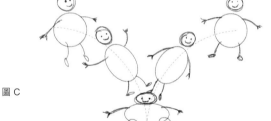

圖 C

◢物體的重量和大小也決定了伸展和收縮的程度，這一系列圖中的示例就說明了這一點。

參閱：伸展與收縮（第68頁）與重疊動作（第72頁）

時間掌控以及物體重量的思考

動畫製作人員需要對重要的動畫法則有深刻的認識，這樣才能讓他們的作品既活力四射又一氣呵成。

時間掌控

時間掌控能力是依靠不斷練習來慢慢積累的，所以基本上所有動畫界的新人在這方面都會覺得很吃力。時間掌控對於動畫製作人員、演員以及音樂家來說都是非常重要的。我們可以想像一下，如果一個音樂家對時間掌控一竅不通，雖然能演奏出正確的音符，但是整個作品從始至終都不見"停頓"和重音，那麼他的作品不但了無生趣，而且還會沒有一丁點兒的辨識度。

動畫製作人員和音樂家一樣，都需要不斷練習掌控時間的能力。最後，這種把握運動過程中的重點以及停頓的技巧會落地開花，會使你的動畫作品看起來生機盎然、充滿活力而且一氣呵成。碼錶是必備工具。起始階段要注意觀察各種各樣的運動，然後用碼錶測量每種運動所花費的時間。如果時間設置得過長或過短，即使是像甩動手臂這麼簡單的動作，看起來也會覺得特別彆扭。

此外，瞭解人體要保持一個姿勢多長時間，然後才會開始另一個姿勢也是非常重要的。如果在你的動畫作品中，兩個相鄰的姿勢轉換得過快，沒有設置任何時間間隔，那麼人物看起來就會有點手忙腳亂，甚至是有點歇斯底里，觀眾會忽略這個動作所傳遞的訊息。但是，如果你在兩個姿勢之間設置的間隔過長，那麼人物看起來就會像硬邦邦的機器人，缺乏一定的靈活性。

重量

不同的物體運動方式不同，這是由它們的重量決定的。雖然一個沙灘球和保齡球的大小相差無幾，但是二者的特徵卻截然不同。動畫製作人員需要運用自己的技能將物體的這些特徵在動畫作品中呈現出來。

重量這一因素會影響動畫作品中所有的人物和物體。重量決定了重力大小、物體的體積和特徵。如果對這些問題置之不理的話，那麼你的動畫作品會缺乏說服力。

想像一下自己要設計的角色，如要在動畫作品中設計一隻巨大的恐龍。這個龐然大物行走起來，每一步都意味著要把巨大的重量從一隻腳轉移到另一隻腳上。如果你的動畫作品沒有準確地捕捉到這一點的話，觀眾就不會買賬。

▶ 碼錶

碼錶是幫助動畫製作人員掌控時間的重要工具。你經常會驚訝原來某個動作所耗費的時間居然這麼短或這麼長。

◀ 運動停止

所有的物體都有重量。根據物理定律，每種物體都具有動量。這就意味著，每個物體都不會戛然而止，而是會慢慢地停下來，如圖中所示那樣。位置3是位置1和位置12之間的中間點，但是因為球是慢慢減速的，所以這三點之間還有另外七個點，從起點到終點，相鄰兩間的距離逐漸縮短。這種"緩入"理論對於大多數動畫情境都適用，能夠讓觀眾覺得製作人員對於時間的處理非常有說服力。

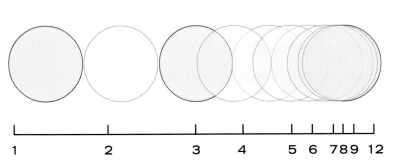

作業

用簡單的人物設計幾個動作，讓人物分別舉起不同的東西，例如沉重的大箱子、輕的空箱子、一個重東西、一顆沙灘球或一塊金條。一定要注意觀察不同重量的物體是如何影響人體運動的。這可能需要製作人員本人先完成這些動作，並用攝影機記錄下來，然後再對所有動作進行逐一分析。

► 3D動畫作品中的重量因素
在3D作品中呈現重量因素的法則和2D作品基本上是一樣的，但你可能會發現，這些3D模型在進行某些伸展動作的時候看起來像是要斷裂了一樣。一定要確保在進行動畫製作之前就測試過這些模型，確定這些模型在需要表現物體重量的情況下可以極度彎曲，完成非常誇張的姿勢。

關於時間掌控的建議

時間掌控的一個訣竅就是力求簡單。不要追求過於誇張的動畫效果——尺度一定要拿捏好，讓角色看起來是真實可信的。

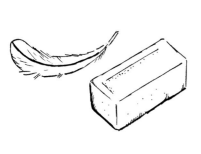

◊ 表現重量因素素
每個物體都具有重量。為了讓自己的動畫作品看起來更加真實可信，呈現重量因素的方式就一定要有說服力。一片羽毛和一塊磚頭的重量截然不同，所以兩者在下墜過程中的表現也有著天壤之別，這是顯而易見的。磚頭會垂直下落，然後轟然落地，而羽毛則會在空中漂浮一陣兒，所以可能需要更多格鏡頭才能完全呈現。

◊ 搬動重物
在動畫作品中，只有運用特殊的表現方式，才能看出物體的重量。第一幅圖中，人物拿著的物體看起來就很輕，因為人物看起來很輕鬆，很自然。第二幅圖中的物體雖然和第一幅圖中的大小一樣，但是看起來卻很重，這是由人物拿著物體的方式決定的。人物彎曲的背部和拼命想要保持平衡的狀態都突顯了物體的重量。

◊ 推的姿勢
這個人物在推的物體非常重，這可以從以下幾點體現出來：人物胳膊伸直，脊背繃得緊緊的，似乎把所有的力量都放在了推物體的動作上，但反觀物體卻好像是一動不動，這些都凸顯了物體的重量。

參閱：預備動作（第74頁）

重疊動作

所有動畫製作人員都不想讓自己的作品看起來死氣沉沉，了無生氣。使用重疊動作雖然原理簡單，但卻能在動畫作品中產生立竿見影的效果。

重疊動作，有時候也被稱為"強力動作"，是一項重要的動畫原理，有助於增強動畫作品的質感。如果作品中的角色或物體突然停下，但沒有出現任何重疊的動作，那麼看起來就會像是忽然撞到了一面看不見的牆壁上。

避免這種現象最好的辦法就是製作畫面時讓畫面範圍超過物體最終位置，然後再把物體拉回。但是畫面到底要超過最終位置多少還要取決於物體的速度、品質和材料。

有時作品中某些角色可能會時不時地要停下來，這不是什麼問題。例如，角色的手臂可能會比軀幹的過程距離要遠，而手臂上寬鬆的衣物"強力動作"距離可能更遠。這樣才能提升動畫作品的質感，增強它的真實性。

有些重疊動作幾乎適用於作品中所有的情境，無論這個情境中發生的動作看起來多麼渺小，多麼微不足道。即使像扭頭這樣的小動作，如果你能讓頭部的位置超過最終位置一點兒，然後再回到最終位置的話，這個動作看起來就會更加自然。

次級動作的製作

角色在進行某種運動的時候，其各種角度的運動狀態都要符合節奏、方向以及物理定律。次級動作最明顯的例子就是長

◢ 如何讓運動的物體停下來

重疊動作是動畫製作中一條非常有用的原理，當表現要讓一個本身運動的物體停下來的時候，就需要應用這原理。物體不是一下子就停下一動不動的，而是應該讓這個物體先衝過最終位置，就像圖中表現的那樣。上圖中物體經過了位置1和2，但是它沒有在最終位置硬生生地停下來，而是先擺動到位置3，然後再回落到最終位置，也就是位置4。

髮。雖然頭髮本身不能發生動作，但是它會不斷地根據頭部的運動作出相應的運動。即使頭部停止運動，頭髮也會在自身慣性的作用下接著運動一段時間，然後逐漸減緩，回復到自然狀態。但是在這之前，頭髮會自然擺動幾次，然後再慢慢靜止下來。

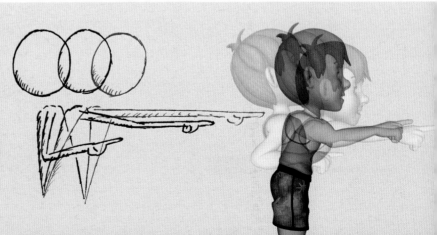

▶ 重疊理論在動作表現中的應用

在本圖中，你可以看到重疊理論在動作表現上的應用，這個片段中添加了一個"極限的"、"額外的"手勢，表現這個手勢時，製作人員採用了"強力動作"的方法。這只是一個簡單指手的動作，所以使用"強力動作"的方法可能會變得有點兒誇張。但這樣也沒有什麼不好，因為重疊理論是可以應用於絕大多數動畫場景的。

關於使用重疊原理的建議

- 在呈現動作時使用重疊原理是個不錯的選擇，但一定要注意好把握度。與其他原理一樣，重疊原理如果使用得體，會為作品帶來活力。但如果用得太誇張，反而會適得其反。
- 重疊原理應該和其他原理一起使用，尤其是伸展和收縮原理（見第68頁）。
- 積累一定經驗後，你會對某些動作所需的重疊效果心裡有數。物體運動得越快，重量越大，重疊效果越明顯。

➤ 重疊原理在次級動作中的應用

呈現長髮飄飄的頭髮是對動畫製作人員的一項挑戰，同時也是重疊原理在次級動作中應用的典範。如果軀幹和頭部向前運動，即使身體停止運動之後，頭髮也會繼續運動，因為頭髮本身的慣性會讓它前後擺動一陣兒，直到自然停止。

♥ 突出速度

重疊原理可以應用於任何有關動作停止的片段。在動畫作品中表現車停時，如果能在該片段的最後使用"強力動作"效果，會使畫面看起來更加真實可信。值得注意的一點是，車子在運動的過程中車身有些微微前傾，這樣能突出車子行進的速度。

♥ 捕捉微妙之處

嘗試使用重疊原理表現自己作品中的細微之處。例如，描述轉頭的時候，角色會在幾格鏡頭內超過最終位置，然後再重新回到最終位置。這些應用重疊原理的小細節不易察覺，觀眾根本發現不了。實際上，如果觀眾注意到這些地方，那麼就說明你的重疊原理用得太過了。

這種鏡頭能夠突出作品中重疊運動的效果，而且持續的時間也會比這個動作在現實生活中持續的時間要長。

如果使用數位技術進行動畫製作的話，就可以使用一些動態功能，這些功能可以代替人力完成次級動作的製作，但使用這些功能的時候要特別小心。有經驗的職業動畫製作人員在製作主要動作時還是會親身體力行，他們只有在塑造背景人物或在呈現人山人海的場景時才會使用這些功能。

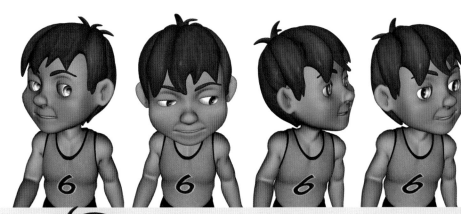

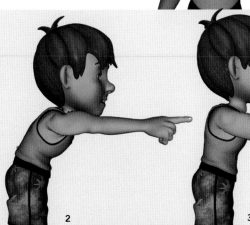

1. 將關鍵的動作分解開來，我們會發現這個片段中第一個姿勢是人物在緊張狀態下的反射動作，想要伸手指對方。

2. 第二個姿勢就使用了重疊運動效果，手臂已經超過了最終位置。

3. 第三個姿勢是最終姿勢，看起來非常自然。如果在製作這個片段的過程中沒有使用重疊原理的話，整個片段看起來就會比較平，而且人物像在進行機械運動，比較僵硬。使用重疊效果會讓作品看起來充滿活力。

1　　　　2　　　　3

參閱：伸展與收縮（第68頁）及重疊動作（第72頁）

預備動作

牛頓第三定律認為："兩個物體之間的作用力和反作用力總是大小相等，方向相反，並且作用在同一條直線上。"這個定律是我們接下來要講的動畫原理的關鍵，這一原理就是預備動作原理。

預備動作基本原理認為，人物在進行每個動作之前，都會在不易察覺的情況下向相反的方向運動。這個原理聽起來有點荒謬，但是如果缺少預備動作的話，動畫作品看起來就會過於機械化，而且沒有一絲生氣。

想想自己在進行某種動作之前身體是如何表現的。比如，在投球之前，你會先將身體向後仰，然後把球舉過頭頂，可能還會同時屈膝，將身體像彈簧一樣繃緊，"預備"投球。接著，你會使出全身力氣，把球扔投出去。在這個過程中，你的身體會向前，將球加速投入空中。如果不做預備動作的話，你就沒有投球所需的能量和動能。這條原理可以應用於所有動作，無論多小的動作都適用。運動幅度越大、越劇烈，預備動作持續的時間就越長，幅度也越大。

動畫製作人員在製作預備動作的過程中會發現很多樂趣。因為這些動作活力十足，而且還可以盡情誇張。可以想像一下一輛卡通汽車從交通燈處風馳電掣地出發的情境，在加速之前，車子會先向後將車身縮起來，然後再飛速衝出。如果預備動作用得不露痕跡的話，它會起到突出某個動作的作用。比如，如果一個角色想要轉頭，製作人員可能會讓角色的頭部在瞬間扭向相反的方向，然後再轉過來，這樣動畫作品的效果會更好。雖然預備動作原理在動畫作品中經常使用，但是也存在使用過度，會讓動畫效果過於誇張的風險。究竟要怎樣使用預備動作，預備動作的幅度到底應該有多大？取決於這個動作的速度和能量，以及這個動作的起始點是靜止狀態還是另一個動作進行到一半的地方，還有這個動作與身體的哪些部分相關。

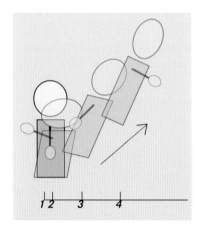

▲ 跳躍
為了完美展現跳躍這個動作，應該綜合應用伸展和收縮以及預備動作原理。姿勢1是動作的起始點，接著，人體微微收縮，進入了預備姿勢2，動作方向和跳躍動作的方向正好相反（值得注意的是，四肢上的次級動作不僅有助於平衡，同時也增加了動能儲存）。然後，人物就進入了跳躍狀態3 4，同時身體伸展。

▲ 驚嚇！驚嚇！
瞪大的眼睛、張大的嘴巴以及伸長的舌頭都是表現卡通角色恍然大悟的常用手法，極盡誇張之能事，但是這種表現手法會影響到角色的身體結構。使用3D技術也可以作出這種極限鏡頭，但在開始進行具體的動畫製作工作之前一定要確認3D模型是否能隨意彎曲。這個姿勢到底應該維持多長時間取決於動畫作品本身的節奏，一般說來，這些姿勢至少可以持續18格，但要注意的是，"持續"的意思並不代表紋絲不動。

►預備動作原理在動作表現中的應用

在物體朝著正確的方向運動之前，使用幾格鏡頭讓物體先向著相反的方向運動。向後的距離是多大，以及向後的狀態要維持多長時間取決於物體的重量和速度。在這個圖例中，人物的起始位置是中間位置1，接著，人物稍稍向後，進入預備動作2，然後開始加速出發位置3至5。值得注意的是，製作人員如何通過人物頭部和四肢的次級動作來增強預備動作的效果。

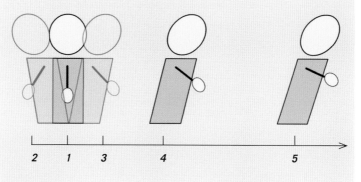

♥ 恍然大悟的表情

預備動作原理在表現大吃一驚的表情時發揮得淋漓盡致。這種動畫技法就是讓角色目光先漫不經心地看向某個方向，然後使用明顯的預備動作效果，產生極度誇張的表情。

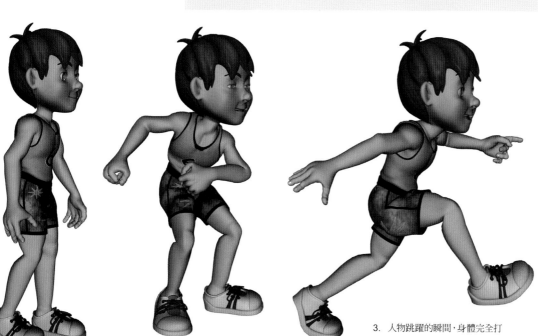

3. 人物跳躍的瞬間，身體完全打開了，能量也釋放出來了。

1. 預備動作的效果要在具體動作之前使用。具體動作的幅度越大，越充滿動感，預備動作的效果越明顯。

2. 這個姿勢展現了身體朝著與具體動作相反的方向扭轉，胳膊在身體的前方轉了一圈，同時人物彎曲雙腿，做好行動的準備。

關於使用預備動作的建議

- 預備動作原理只適用於生物。沒有生命的物體不能按照其自身的意願運動，所以無法做出預備動作。

- 思考預備動作的時候，可以想像一直縮緊的彈簧馬上就要釋放能量的狀態。

2. 在這一鏡頭中，你需要讓角色皺起五官，盡可能展現明顯的預備動作效果。

3. 步驟2中這一過度的預備動作有助於誇大最後人物的面部表情。

參閱：身體語言（第78頁）及面部表情和口形同步（第80頁）

表演

動畫製作人員必須對表演技巧有深刻的瞭解才能賦予動畫作品以生命。

情感

作為動畫製作人員，你必須對作品中的人物瞭若指掌，這樣才能在作品中將人物的特徵表現出來。這項工作並不簡單，要求製作人員潛心鑽研表演理論。在此我們先介紹一下關於表演的幾項基本原理，這幾項原理對動畫製作同樣適用。

首先，要讓觀眾產生共鳴，這樣觀眾才能將自己和作品中的角色聯繫起來，才會為角色牽腸掛肚。為了實現這個目的，情感是至關重要的一個因素。如果能讓角色在進行每個動作之前都稍加思考的話，那麼角色看起來就會更加真實——如果角色可以思考的話，他（她）也會給人有血有肉，有情有義的感覺。

動畫作品中的任何一個情節都是對於另一個情節的反應，如果某個動作沒有任何動機的話，那麼角色為什麼要進行這個動作呢？如果我們聽到從畫面外傳來了敲門聲，那麼我們肯定會期待角色作出反應。但是具體要在作品中呈現出什麼反應，要考慮當時的情境以及人物本身的特點。例如，一個亡命天涯的逃犯和一個迫不及待想見到自己情人的人的反應會有天壤之別。正是這些動機激發角色產生情感，從而引起觀眾產生共鳴。

誇張

動畫製作人員（還有演員）最常用的手法就是誇張。早期的默片明星都稱得上是大師，他們能夠不使用任何語言，僅通過誇張的手法就能傳遞感情。從早期的電影作品中能學到很多可以應用到動畫製作中的技巧。像查理·卓別林以及巴斯特·基頓（Buster Keaton）等這些電影明星的天才之處在於他們能夠通過肢體語言交代故事情節，不僅能讓觀眾捧腹大笑，而且還能讓他們潸然淚下。

在動畫世界中，你不會受到人體生理結構的束縛，所以動畫製作人員通常會對人物的每一個動作都進行誇張，從而突出人物情感。沒有添加誇張效果的動畫作品看起來會很平。正因如此，以轉描（rotoscped）和動態捕捉為主的動畫片有些"了無生趣"，但如果角色對每個動作都進行適當誇張的話，效果就大不相同了。

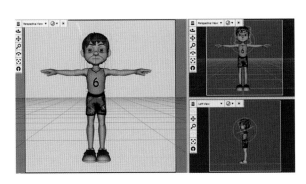

►賦予角色生命
在動畫製作環節開始之前，3D模型就是一個個呆板黯淡的物體，是動畫製作人員應用自己的技能賦予模型生命和靈魂。通過設置模型的不同部位，製作人員會一格一格循序漸進地完成作品，這樣角色就能動起來了。

◢誰？是我嗎？
在觀察角色的時候，觀眾首先會注意到角色的眼睛，然後再打量角色身體的其他部位，看看到底想通過這個角色傳達什麼資訊。這幅圖中的姿勢對家長或家裡的哥哥、姐姐來說可能會很熟悉。

◖ 鬧劇

動畫製作人員從默片大師那裡學到了很多技巧。誇張的姿勢和荒誕的情節這兩種藝術形式是鬧劇最為明顯的標誌。

➥ 使用身體

在表現角色的時候要使用整個身體來表達人物的感情，僅依靠面部表情是遠遠不夠的，身體也是表演的有力工具，能夠傳達各種複雜的情緒。在這幅圖中，僵硬的身體、緊握的拳頭和人物咄咄逼人的眼神遙相呼應。

◖♥ 分享情感

像早期的演員一樣，能夠讓觀眾開懷大笑或是泣不成聲，其實動畫作品也具有同樣的情感力量。一定要讓你的角色和觀眾分享所有的情感。

關於表演的建議

- "我思故我在"，所以讓作品中的角色經常處於思考的狀態，這樣觀眾才能和角色產生共鳴。

- 必須保證自己的作品能夠引人入勝，扣人心弦。否則，誰會想看呢？

- 讓角色在合理的範圍內做出最劇烈的動作。

- 自己事先表演一下所有的動作姿勢。

- 盡一切所能避免對稱現象。

身體語言

有一種全世界通用的語言，每個人都能說得很好，這種語言就是身體語言。作為動畫製作人員，你必須是一個一流的身體語言學家。

在作品中的角色進行某種動作之前，它只能算是一個一動不動的木偶，等著你賦予生命。只要你給予角色一個姿勢，你就是在通過他的身體語言給觀眾暗示，傳遞角色本身的情感。如果人物是拉著腦袋，垂著兩隻手臂，就可以表現出一種悲傷的情緒。而如果角色站得筆直，雙手環抱在胸前，看起來就是在表達一種更加自信，更加積極的情緒。

一個人完全無事可做是不可能的。即使是一個在排隊等車的人，他也會有一系列的活動，他可能在想念自己的女朋友，可能在試圖避免和站在自己前面的流氓發生目光接觸，可能在努力思考今天到底是不是媽媽的生日……許多相互矛盾的情緒會影響到他的站姿。

開放的姿勢
如果想要讓角色表現得積極主動，興致勃勃，那麼可以使用開放的姿勢。這個姿勢（政客們經常使用這個姿勢讓人們相信他們的拳拳之心）的表現形態就是雙手和雙臂張開，雙腳之間留出一定的距離。

閉合的姿勢
在閉合姿勢中，角色的雙腿雙腳要交叉，流露出一種消極的戒心十足的情緒。角色會避免與對方進行目光接觸，說明角色心存疑慮，或缺少安全感。

前傾的姿勢
前傾的姿勢用於表現人物在當時的情境中興致盎然，全情投入的一種情緒。當時的情況他可能完全贊同，或也存在異議，可能比這幅圖中的狀態還要咄咄逼人。但是他會聽得專心致志。在動畫作品中呈現這個姿勢，只需讓角色靠近鏡頭就可以了。

能夠通過某個姿勢來表達人物的想法和感覺是一個良好的開端。在傳遞感情的過程中，不要單純依賴人物的面部表情——最強大的身體語言其實是通過人物身體的姿態表現出來的，臉部表情只是用來確認這種情緒罷了。

每個人都是閱讀身體語言的高手，但是如果太多的身體語言信號都過於不露痕跡的話，那麼觀眾就很難捕捉你作品中的這些信號。

作業

找個朋友一起用兩隻襪子做成兩個玩偶，然後用這兩個玩偶演出一些戲。把其中一個玩偶當作主角，另一個當作配角。這個遊戲足以證明，即使沒有四肢和面部表情，也是能夠進行表演的，而且還能演得非常傳神。

關於身體語言的建議

- 上表演課，或者對著鏡子表演。
- 觀察他人。觀察其他人在日常情境下是如何發出身體語言信號的。熙熙攘攘的火車站或機場是絕佳的選擇。
- 沒有任何一種姿勢是沒有意義的。人（還有動物）總是會進行思考，他們思考的狀態會通過他們的姿勢反映出來。

後退的姿勢
後退的姿勢代表人物對當時的情境心存疑慮，覺得難以置信，所以角色會做出向後退的動作。這是一個胸有成竹的姿勢，角色確定自己的想法，只是不願意參與進來，或想對眼前的情勢置之不理。

咄咄逼人的姿勢
在瞭解了前面的四種基本姿勢後，你就可以創作出更多特別的姿勢。將開放的姿勢（積極的情緒）和前傾的姿勢（興致勃勃的情緒）糅合到一起後，就更加突出了人物咄咄逼人的架勢。緊握的拳頭更凸顯了緊張的情緒。

垂頭喪氣的姿勢
即使沒有特別說明，我們也能讀出這個姿勢的身體語言所表達的資訊。人物耷拉的肩膀和垂落的雙臂表示他對一切都漠不關心，他的眼睛看向地板，表示他對周圍的一切都漫不經心，所以此時人物整體給人垂頭喪氣、萬分沮喪的感覺。

相互矛盾的信號
在傳遞情感的時候，身體語言其實比面部表情要強烈得多。雖然這幅圖中角色的面部表情是開心的，但是這個姿勢展現的身體語言完全淩駕於面部表情之上。也就是說，這個可憐人看起來還是心灰意冷的，只是在強顏歡笑掩飾真實的心境罷了。

參閱：表演（第76頁）與身體語言（第78頁）

面部表情和口形同步

面部表情也是我們日常生活中相互交流資訊的一種手段，為了在動畫作品中傳遞情感，同時讓人物可以開口講話，動畫製作人員需要瞭解面部器官是如何工作的。

一張臉可以作出幾百萬種不同的表情，從而表達不同的情緒。作為動畫製作人員，你需要給予自己的角色能夠與故事情節和人物行為配合得天衣無縫的面部表情。想要達到這個目的，你要讓角色的面部形態盡可能簡單。

可以通過觀看著名演員的作品或者照鏡子觀察自己的臉來研究到底什麼樣的面部表情會產生什麼樣的效果。然後嘗試畫出一些面部表情的草圖，檢驗自己是否抓住了表現這些表情的關鍵。在設計臉部外觀的時候可以越簡單越好，即使這樣，也可以畫出非常傳神的表情。一個經典的範例就是《南方公園》這部動畫片，片中的角色面部設計都非常簡單，但是卻能夠演繹出各種各樣的情緒。

任何面部表情的焦點都是眼睛。在打量別人的時候，我們通常會先看他們的眼睛來判斷他們當時的情緒。觀眾在觀看角色特寫的時候，也會先看眼睛。如果角色的眼睛看起來非常不自然，觀眾的注意力就會專注在眼睛上。

眉毛和嘴巴在溝通過程中也發揮著重要作用。如果將面部表情和眼神結合起來，就能讓角色表現出非常微妙的神情。

對話

大多數動畫製作人員習慣先完成角色的身體語言和面部表情，然後再著手處理嘴形。在動畫作品中實現口形一致並不是讓嘴唇進行簡單的開合動作，而是要煞費苦心地讓唇形和聲音契合。換句話來說，是要做到讓嘴唇配合聲音。

究竟要設計多少種嘴形取決於人物設定。有些動畫製作人員只需使用三四種口形，而有些人則會用到幾十個。但一般情況下，至少應該設計出八個唇形，這樣才能輕鬆應對交談中出現的大多數發音。

如果你製作的是3D動畫，那麼可以將兩種嘴形結合起來使用，創造出獨特的嘴形，以便與某種發音配合得嚴絲合縫。

完成了口形設計之後，你就需要對聲音進行逐格分解，然後將資訊輸入到曝光板上。現在，製作人員也可以使用一些特製套裝軟體，程式會自動進行處理，效果也都還可以。但是如果想要提升工作品質，增強準確度，還是建議手動分解音軌，這樣你就會想要進行動畫處理的聲音有進一步的瞭解。使用基本的聲音編輯程式，將聲音輸入，同時保證影片播放速率和動畫作品一致（一般情況下是24、25或30格/秒）。這時，需要仔細傾聽的不是具體的詞語，而是發

即使簡單的面部設計也可以演繹出傳神的表情，效果好得令人稱奇。這兩個表情相比，只是改變了眉形，但是二者所表達的資訊卻截然不同。

作品中角色的眼睛應該一直目不轉睛地盯著什麼東西看。否則，角色的雙眼看起來會無精打采。

即使角色的雙眼有一丁點兒的失焦，觀眾也會看得一頭霧水。

僅通過眉毛的簡單動作就可以傳遞出非常微妙的情緒。設計師讓角色抬起了一邊的眉毛，這樣就創造出了圖中這幅"有點意思"的表情。

格數	像	音
1	1	
2	2	
3	2	
4	2	
5	2	
6	2	
7	2	
8	3	
9	4	
10	4	
11	4	
12	3	
13	4	
14	3	
15	3	
16	3	
17	3	
18	4	
19	4	
20	4	
21	3	
22	2	
23	2	
24	2	
25	2	
26	2	
27	2	
28	2	
29	3	
30	3	

這個豎行代表格數順序。

這一欄顯示的是使用的嘴形對應的編號。

這是聲波的視覺信號,可以幫助製作人員確定音效剪輯中最高亢以及最安靜的部分。

➡ 曝光板
在曝光板上將圖像、口形和聲音逐格對應起來。這項工作是通過使用某種聲音剪輯軟體流覽音效檔案,然後再隨時將檔放在曝光板上對應的位置完成的。

➡ 綜合資訊
通過將面部表情以及身體語言結合起來可以讓角色有最佳的表現。第一個姿勢中,手臂和頭的位置都突出了角色臉上的怒意;而第二個圖像中,手的姿勢表現出人物的驚訝。如果這幅圖像中沒有手勢這個元素的話,角色的表情看起來會讓人不明所以。

關於面部表情的建議

- 牙齒和頜部都是固定在頭部的骨骼結構上的,而且只有下顎才能動,所以千萬不要讓上頜或牙齒動起來。
- 為了讓作品中的口形同步,作品看起來引人入勝,不要在每個動作之間都添加中間格。
- 保證角色的雙眼一直目不轉睛地盯著某處。空洞無物的雙眼一點兒都不討人喜歡。
- 在改變目光的方向時一定要使用眨眼的動作。
- 人臉都不是完全對稱的,所以讓一隻眼比另外一隻眼略大些。

音,因為你要進行動畫處理的物件就是聲音。A、E、I、O、U這幾個原音是主體語流,所以每個原音都會持續幾格鏡頭,而且要求嘴巴必須張開。而像P、B、D、F、S和T這樣的輔音會比較短促,發音相對會更加直接。除此之外,還要注意停頓。

基本口形

談到口形的話，並不存在什麼不可違逆的規則，但是下面的八種口形基本上就可以應付正常的講話了。
需要注意的是，這些口形對應的是詞語的發音，而不是字母。

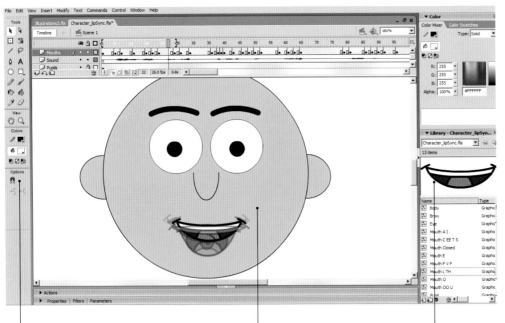

在製作2D動畫作品的時候，你會發現如果打開"洋蔥皮"這個功能，就會很容易讓嘴形的位置更加準確。

向前或向後拖動時間軸，同時查看作品中的圖像和聲音是不是完美契合。

你的資料夾裡應該具備你能想到的各種口形。同時不要忘記容易被忽略的一般的開口或閉口的嘴形。

➡ 動畫作品中的口形同步

在動畫作品中達到口形同步時，不一定每一格鏡頭都要變換口形。如果角色語速很快，找出最主要的聲音，然後只要處理這些主要聲音就行了。同時也要保證嘴的上部位置基本不變，因為發生運動的是下顎。

P B M

這個緊閉的口形用在角色默不作聲的時候，還可以用來表現像P、B和M這樣的爆破音。

L TH D

這個口形中，嘴唇微微張開，可以看到舌頭頂著上牙的背面。所以經常用於表現L，但是TH或短促的D音也可以用。

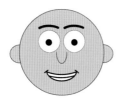

A I

這個口形對應的是大原音，也就是A和I。

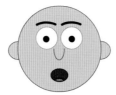

EE D C S T

在這個口形中牙齒緊閉，但是嘴唇是分開的，所以對應的是EE，以及D、C、S、T的讀音。

O

這個口形對應的是O這個音（就像是Oh No裡的這個音一樣）。

U W OOO

這個口形對應的讀音是那些在發音時需要撅嘴的，比如U、W以及OO。

F V

這個口形對應的是F和V，發音時要用上齒咬住。

E K N

這個口形對應的是一些小口型的音，比如E（像"eh"裡的這個音一樣），有些時候，在快讀K或者是N的時候，也可以使用這個口形。

♥ 做筆記

養成一種習慣，聆聽的時候關注的是聲音而不是詞語，然後用音標的方式記錄下來；換句話說，就是單純地記錄語音。下面的圖像中，角色說的是 "Hello, how are you today?"，就是以語音的形式呈現出來的。

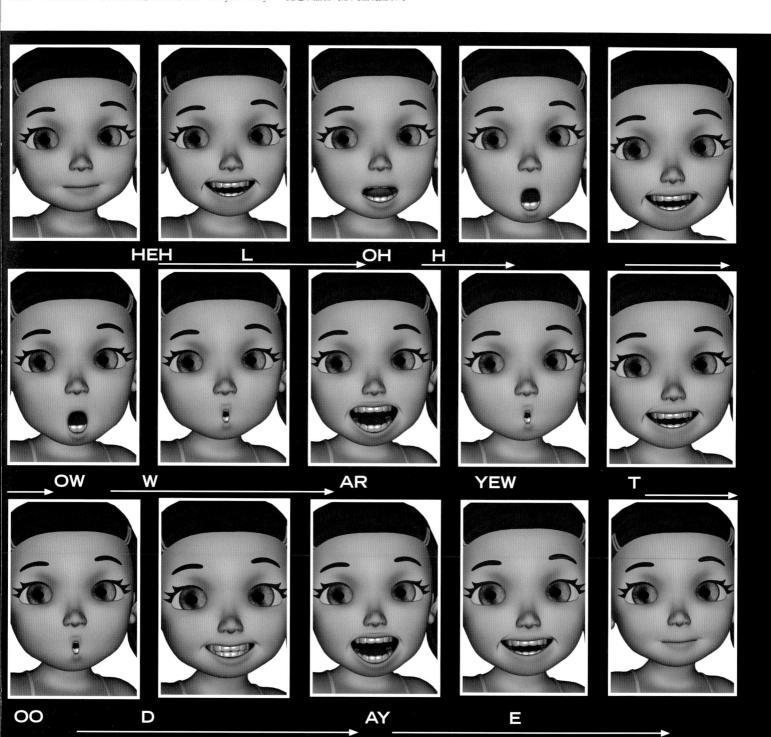

參閱：運動理論（第64頁）

運動

對於運動規律和運動理論有一定的瞭解會讓你的動畫作品看起來更加扣人心弦、引人入勝，人物更加充滿活力。

▲ 表意不明的姿勢

這個姿勢從正面看效果並不明顯，而且從剪影中也看不出角色到底在進行什麼動作。

結構比例

如果想讓動畫作品達到最佳效果，對於人體和動物身體的結構比例要有一個深入的瞭解。動畫製作人員對於比例結構有一定的認識，才能夠掌握運動中的動態表現，這樣在設計角色動作時才不會出錯。對於2D動畫製作人員來説，出色的繪畫技能是不可或缺的能力，這是顯而易見的事情。但是為了在自己的動畫作品中呈現出最佳的動態表現，3D動畫製作人員也會事先在紙上規劃出角色的關鍵動作，畫出草圖。隨身攜帶素描本，將日常生活中感興趣的事物畫下來。這樣做不僅會讓你的圖像主題更加新穎和豐富，而且還會在日後的創作中為你提供靈感。

剪影

通過為角色設定姿勢表現角色做出的動作，需要具備一項重要的技能，那就是要能創作具有視覺衝擊力的剪影。觀眾的目光會不由自主地被姿勢醒目的剪影輪廓所吸引，這樣角色的身體語言所傳遞的資訊就更加清晰了。

如果是使用數位技術製作動畫，那麼就可以將角色姿勢以"影像景板（matte）"的形式導出來，做成黑色的剪影。如果從剪影就可以判斷出角色的動作，那麼觀眾解讀這個姿勢的時候就不會發生偏差。

動態線

為了讓動畫作品盡可能活力四射，角色的姿勢不僅要有視覺衝擊力強烈的輪廓，運動的作用還要有貫穿整個身體的動態線，以此來突出這個動作爆發的能量。聽起來好像是要讓製作人員"苛求"細節，但如果能夠"處理好"這種動態線的話，不僅能提升作品的審美效果，而且還能因此增強作品的吸引力。

▲ 改進的角度

與上圖相比，姿勢沒變，只是觀察角度移到了側面。但卻能使這個姿勢看起來更加有力，而且傳遞的資訊也更加明確。角色相對於鏡頭的位置和姿勢本身同樣重要。

平衡

其中一種看起來令人擔心的站姿就是沒有平衡感的站姿。如果動畫製作人員讓角色擺出一種不自然或缺乏平衡感的姿勢，那麼這個角色會給人下一秒鐘就會摔倒的感覺。如果一個人提著一個沉重的口袋，那麼身體就會自然而然地作出反應，即向相反的方向微微傾倒，以便以此來平衡重物造成的影響。一定要注意角色的重心在哪兒，然後以此為基礎來調整角色的姿勢，以達到一種自然且平衡的感覺。

節奏

節奏和動畫作品的時間掌控息息相關，是貫穿作品始末的一個不易察覺的因素。和音樂家一樣，一個出色的動畫製作人員會為自己的作品設定一定的節奏，這樣觀眾才會不由自主地跟著這個節奏"隨波逐流"。這樣講並不是説作品自始至終都要遵循同一個節奏，而是説這個節奏一定要輕鬆自然，確保作品中不會經常出現出乎意料的起始和停止，以便作品平穩地向前推進。

重量

作為動畫製作過程中所要考慮的因素之一，"重量"這個主題在前面已經探討過（詳見第70頁）。但前面討論的只是角色自身的重量，比如，一個大腹便便的角色和一個骨瘦如柴的角色，二者走起路來肯定是截然不同的。但是，外來的重量作用也會對角色的姿勢和動畫的效果產生影響。如要表現角色拉著一個手提箱，並且讓觀眾相信這個手提箱很重時，就需要設定角色一直費勁全力地拖著這個箱子在前進。想要表現好這一點，這對動畫製作人員來説也是一個挑戰。

◆ 動態線
和清晰的輪廓一樣，有力的"動態線"也會增強某種姿勢的視覺表現力。左邊第一幅圖描繪的是一個要投球的人，角色身體後傾，動態線變形不太明顯，所以這個姿勢看起來有氣無力，而且還了無生趣。
僅僅因為動態線壓縮得更明顯些，所以第二個姿勢的視覺表現力就明顯增強了。

◆ 重心
檢查角色的重心到底在什麼部位。第一個姿勢看起來就有些彆扭，因為平衡位置好像比較靠前，角色好像隨時要摔倒一樣。
我們只需要作一個小調整，不要讓角色前傾，同時保證雙腿的平衡，這樣角色馬上就找回了平衡感。

◆ 重量感
外部力量也會對角色擺出什麼樣的姿勢或如何達到平衡產生影響。這個姿勢中就體現了重量感這個因素，動態曲線極度延展，身體最大限度地反向弓起來。

參閱：身體語言（第78頁）與運動（第84頁）

第二章
製作

行走

行走的方式不是一成不變的，但是基本的過程和方法卻都大同小異。

行走可能是動畫製作中最難處理的一個動作之一。想要對行走進行動畫處理，要求製作人員不僅要洞察入微，而且還要對人體結構比例、表演和力學控制具有一定的瞭解。從表演的角度來看，一個人的走路方式揭示了人物性格和當時的情緒。而從物理的角度來看，體重、年齡以及性別都會對一個人走路方式產生影響。行走的方式不計其數，但是從力學的角度來講，有幾項基本原理是動畫製作人員務必掌握的。

如果對愛德華‧慕布里奇（Eadweard Muybridge）的作品片段（參見90頁）進行分析，或者通過拍一些朋友走路時的錄影來看，你就會注意到，人的整個身體會扭動、前傾、伸展，就好像每走一步都要不斷地平衡自己一樣。

想要知道行走的動作到底是怎樣發生的，最好的辦法是自己在屋子內走圈。在行走的過程中注意體會身體的各個部位都是如何運動的。向前邁步的時候，會覺得自己整個身體都在

向前傾，雙臂自然擺動幫助保持平衡，這樣才不會向一旁跌倒；你的腳也會前移，在落地時承受身體的全部重量。如果腳的落地位置不對的話，就會臉朝下摔倒。繃緊你的腿，帶動身體向前，向著身體前進的方向前傾，這時，另外一隻腿就會向前邁，準備承擔身體重量，開始新一輪的循環。

行走週期

有些動畫製作人員不去製作角色走過整個畫面的場景。相反，他們會讓角色原地行走，就像是在跑步機上一樣。接著，他會重複這個週期，然後讓動畫效果覆蓋鏡頭所有的長度。如果選擇這種方法的話，一定要保證兩個姿勢之間腳部的距離相等。否則，角色看起來就會像是在地面上溜冰。

1. 製作行走的效果時，我們可以從這個伸展的姿勢開始。人物的身體前傾，重量要從左腿轉換到右腿上。在這個時間點上，兩腿張開的距離最長，胳膊要和另外一邊的腿配合，這樣才能保持平衡。

2. 現在，整個身體的重量都落到了右腿上。右腿彎曲來支撐這個重量，同時，整個身體的位置也達到了行走過程中的最低高度。身體有些微微向左轉來保持平衡；兩隻手臂擺到最大限度，這個位置被稱為"緩衝"位置。

作業

讓自己帶著不同的情緒走過螢幕,並用攝影機記錄下來,然後分析這一影像資料,觀察行走的過程中涉及到哪些力學原理。選擇一種行走的方式,然後後以錄影作為參考,創造一個以同樣方式走路的動畫人物。

時間掌控

一個行走動作到底要持續多少格鏡頭,取決於人物的體重、當時的情緒還有走路的方式。如果是一般的休閒散步,那麼人走一步大概要花費半分鐘(如果畫面以25格/秒的速度播放需要12格鏡頭,而如果是以30格/秒播放則需要15格鏡頭)。換句話説,兩步一個週期會持續大約一分鐘。大塊頭的人物走起來會比較慢,而輕巧的人走起來則會健步如飛。當然,這個規律不是絕對的,人物的步速還要取決於他當時的心情。

關於行走的
建議

- 不要忽略人物腕部的次級動作,這樣才能讓路胳膊的運動更加栩栩如生。

- 讓人物的身體微微地左右扭動。

- 為了避免畫面雜亂無序,將兩個極度伸展的姿勢作為行走動作的關鍵格,然後將中間的跨越位置作為分解姿勢。

- 練習所有的行走方式,以此來提高自己掌控時間和進行動畫製作的能力。

- 無論作品中會出現哪種類型的行走動作,自己都要先模擬一下,注意行走時身體的運動方式。

▸ **走得垂頭喪氣**
走路的方式可以反映人物當時的情緒。一個灰心喪氣的角色走起來可能一步一挪,步子邁得特別小,速度特別慢,而且上身也沒有什麼大的動作。

▾ **走得輕舞飛揚**
人在行走的時候通常手也不會閒著,而且還會扭動上身來保持平衡。人高興的時候會大步走,相較於平時可能還會蹦蹦跳跳。

3. 這幅圖中表現的是"跨越位置"——支撐的腿繃直,另一條腿跨過中心點。另外,人物身體前傾,上身面向正前方,沒有任何扭擺的動作。右臂會自然而然地伸向前方,來配合左側進行"跨越"的腿部動作。

4. 現在,左腳正在做自由落體的動作,身體自然前傾,是牽制左腳下落的唯一力量。上身微微向左轉,右臂向前,以平衡身體的其他部位。身體的重量即將由右腿轉移到左腿上,右腿(也就是後腿)在推動身體前進。

5. 左腿落地,這一步就走完了。這個行走週期的後半部分應該和前半部分一模一樣,否則人物看起來就會有些一瘸一拐,這是動畫作品中的大忌。

參閱：伸展與收縮（第68頁）、重疊動作（第72頁）與運動（第84頁）

技法與練習

動畫說白了其實是一門"幻影術"。實際上，動畫工作者都在小心翼翼地保守著一個秘密，那就是所有的動畫作品都是用來"騙人的"。通過前面的章節，你已經明白了，從物理的角度和表演的角度怎樣通過一些特殊的手段讓動畫作品呈現出最佳的狀態。接下來，我要再教你幾個竅門，這會讓你的作品更具魅力。

偉大的動畫大師諾曼·麥克拉倫（Norman Mclaren）曾經說過，動畫的精髓不在於一格一格的圖像，而是在於圖像之間的部分，那才是真正的意義所在。在觀看動畫作品的時候，我們看到的實際上是一個視覺假像——所有稍有不同的圖像快速連續地播放，讓我們感覺圖像上的物體動了起來，這是因為我們的大腦自動填補了圖像之間的空白。有一個專門的術語用來定義這種現象，叫作"視覺暫留"。

弧線

從很多角度來講，動畫又是一門"弧線的藝術"。角色的動作姿勢通常是通過弧線來呈現的，而用來製作動畫的圖形編輯程式也常被稱為"曲線編輯器"。直線不僅看起來無趣，

而且很生硬，在自然的狀態下很少有。在動畫作品中大多數的動作只有用弧線表現時才能呈現最佳的效果。通過曲線來塑造動作會讓你的動畫作品更加生動流暢。

直線彎曲（彎尺技法）

這個小竅門會在表現疾馳而過的物體時大顯身手，會讓動畫作品中的角色顯得身手矯健。想像一下某人揮動可以變形的棍子或是藤條時是什麼樣的情景。在用藤條用力向下劈時，由於空氣的阻力，藤條會發生彎曲變形。這一原理也可以應用於在動畫作品中表現實心物體，包括那些實際上不會形變的物體，比如人的手臂。

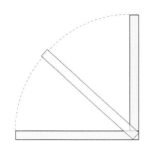
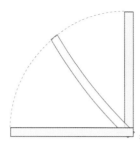
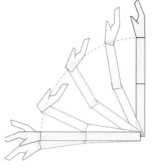

◖ 避免使用直線

1. 如果想要在動畫作品中呈現一塊木板從豎直的位置落到地面上，你可能會想當然地認為物體落地時的運動軌跡是一條直線。

2. 木板落地之前的運動軌跡應該是個弧形，所以按照邏輯來講，木板在落地之前的狀態應該如上圖中所示。

3. 為了讓畫面顯得更加流暢真實，需要讓木板稍稍彎曲，如圖中所示。

◖ 在動畫作品中表現人的四肢

弧線和直線彎曲技巧在呈現人的四肢時大有用武之地。如果你設計的3D模型只能彎曲，不能彎曲手臂上的其他部分，還是可以完成流線型畫面的。為了表現空氣對手臂向上的阻力，仔細觀察一下，在這張例圖中，手臂是如何劃出一條弧線的。最後，在手臂完全停止運動之前，設計師還使用了"強力動作"的手法加強效果。

◂ ▸ 技巧的實戰應用

這個動畫作品的片段是使用弧線、直線彎曲、失真以及誇張手法的典範。人物揮動著蒼蠅拍想要逮住一直沒有表現在畫面上的蒼蠅。他手中的蒼蠅拍已經進行了適當的彎曲處理，在幾格鏡頭中，人物的手臂也略微彎曲，這樣做不僅是為了突出動態線，也是為了增強畫面的視覺衝擊力。幾格鏡頭中還對人物做了失真處理，如果人物當時是靜止的姿勢，這種處理方法就會露出破綻，但是因為幾格鏡頭都是為了表現一個快速完成的動作，這樣做反而增加了作品的喜劇效果，同時讓畫面顯得動感十足。

失真與誇張

一般來講，一名優秀的動畫設計師繪畫技法也一定是過硬的。但是對於插畫師來說，雖然繪畫技巧已經爐火純青，但作品在動畫中卻表現平平。這是因為，作為一名動畫設計師，經常需要創作出這樣的姿勢，這個姿勢如果從整個作品中抽離出來看，完全是錯誤的。但是，如果這個圖像以每秒鐘25或30格的速度播放，再和其他的姿勢融為一體，就一點問題都沒有了。而插畫師則恰恰相反，他們會對每一幅圖像錙銖必較，力求完美無缺，這個出發點對於動畫製作來說本身就是錯誤的。動畫設計師通常會讓人物姿勢有一點扭曲，或讓四肢表現出不自然的伸展，或是對人物進行伸展和壓縮的處理，把人物拖來拖去，同時添加失真與誇張的效果。只要不是在靜態鏡頭中使用這些技法，這些處理都是可以接受的。

🗁 作業

設計一個簡單的人物，然後用鉛筆在紙上畫出一個動畫片段，表現這個人物從臺階上摔下來的情境。仔細考慮在表現人物跌跌撞撞的時候，如何拖拉人物，或是進行怎樣的延展和失真處理，注意使用前後幾頁中所涉及到的技巧。

參閱：運動（第84頁）

動畫製作方法

所有的動畫製作人員都有自己的一套工作方法，這裡重點介紹兩種主要方法，可供大家參考。

姿勢到姿勢

這種手法是比較精細的動畫製作方法，也是比較大型的工作室經常採用的方法。按照這種方法，動畫設計師會挑出片段中幾個關鍵的姿勢，然後將這些姿勢作為關鍵格。這些關鍵格之間可能會有幾格的間隔，所以挑出關鍵格之後，動畫設計師本人（或是他的助手）會製作表現分解動作或是中間動作的圖像。使用這種製作方法，動畫設計師就會讓作品中的一些姿勢圖像和時間軸上正確的節點對應得天衣無縫。

一步到位

這種方法比較難以控制。如果使用這種方法，動畫設計師需要一氣呵成地完成所有的鏡頭，從第一格到最後的鏡頭，中間不使用任何關鍵姿勢。這種製作方法比較即興，如果作品中設定了特別的暗號，想要與中間格對應起來的話，能不能

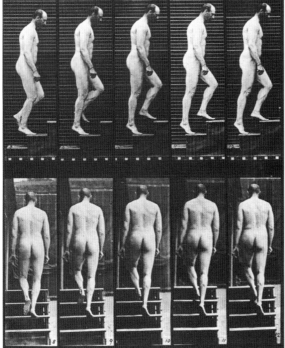

成功就只能聽天由命。但是，使用這種方法經常能夠創作出非常激動人心、即興性比較強的作品。

如果想要嘗試這種方法的話，一定要事先採用縮略圖的方式非常細緻地將整個片段規劃好，否則這個片段完成後就會顯得平鋪直敘，動作看起來會缺少目的性，而且很可能持續的時間過長。

很多動畫設計師在工作時會將兩種方法結合起來加以應用。但是大多數設計師都會比較偏愛某種方法，這是由他們的製作風格決定的。

分解動作

分解動作是動畫作品某個片段中兩個相鄰關鍵格之間的分解姿勢，千萬不要低估這些姿勢的重要性。另外，切忌不要完全依賴動畫製作軟體來處理這些中間姿勢。如果這樣，即使你的關鍵格做得再出彩，這個作品看起來可能還是會了無生趣，過於呆板機械化。電腦製作中間格的方法是選定相鄰兩個姿勢中相應元素的中間位置，然後再試圖建立比較順暢的過渡效果。

詮釋分解動作絕對不是單純地在兩個姿勢之間尋找最中間的位置。分解動作的外觀形態取決於運動的速度、肢體的重

◀ 歷史
19世紀攝影師愛德華・慕布里奇深入研究了人類及動物的運動，他的著作至今仍是動畫製作人員的重要參考資料。慕布里奇進行研究的初衷只是為了結束一場爭論，想要證明馬在疾馳的過程中四蹄會同時離地。他架設了多架照相機來抓拍各種各樣的動物和人類的運動方式。

量、運動的方向、透視的角度、是否使用失真效果，以及動畫作品的節奏和掌控時間的方式。電腦完全是按照既定程式中規中距地處理圖像，缺乏靈活性，所以如果將圖像完全丟給電腦自動處理是創作不出生動的作品的。

◊ 透視
透視這種手法能讓動畫作品看起來更形象生動。如果在3D作品中使用廣角鏡頭，或是對2D作品中的圖像進行適當誇張，再結合透視效果的運用，那麼就會為動畫作品錦上添花了。

2D數位作品中的透視問題

如果使用數位技術創作2D作品，大多數軟體中都只有X軸和Y軸，沒有用來控制深度的Z軸，所以這種軟體對深度和透視一竅不通。

電腦把中間位置設定在這裡。

電腦會自動將中間格放在如圖所示的位置，如果按照2D的計算方法，取中間點這種辦法是完全符合邏輯的，但是如果你想要通過畫面呈現出一個超人正以勻速從遠方迎面而來的效果，那麼這種處理方式顯然是錯誤的。

正確的位置應該是這裡。

由於存在透視，真正的中間點實際上應該在如上圖所示的位置。想像自己站在一望無際的筆直的公路上，路邊每隔相等的一段距離都著一根電線桿。放眼望去，距離你越遠的電線桿之間的間隔似乎越短，正是因為透視現象，才會產生這種視覺假像。

確定分解動作的位置 I

1. 選取兩個關鍵格鏡頭，思考分解動作應該放在什麼位置。

2. 這幅圖中的分解動作是由電腦自動生成的，間隔可以通過圖形編輯程式進行調整。但是，無論怎樣調整都不會改變運動的軌跡。從這幅圖中可以看出，拳頭劃過的弧線角度非常突兀。

3. 為了讓出拳的動作顯得更加有力，也更加符合力學原理，中間格最好設置在如圖所示的位置。這個位置距離起始位置較近，這樣更能準確呈現出拳時速度不斷加快的真實情況。同時，拳頭的位置也拉低了，這是為了讓拳頭的運動軌跡更直，弧線的角度更緩和，看起來更自然。

確定分解動作圖像中的間隔位置

確定分解動作或中間格的位置不僅要依靠邏輯思維，而且還要動畫製作人員在進行處理的時候要有一定的技巧性，同時還要發揮判斷力。完全依賴電腦技術來確定分解動作的位置只會讓你的動畫作品缺乏活力，而且過於機械化。下面列舉了在確定間隔位置時的一些小技巧，解釋理論時用黃球來表示，說明具體應用方法時用跳躍的青蛙來表示。

1. 將這兩個圓圈想像成兩個關鍵格，需要添加一個中間位置，將這個動作進行分解。具體實踐中用跳躍的青蛙來代表兩個圓圈。

2. 電腦按照其固有的邏輯程式會將中間位置選在正中間，與兩個位置之間的中心點毫不差，這是一種錯誤的處理方式。

確定分解動作的位置 II

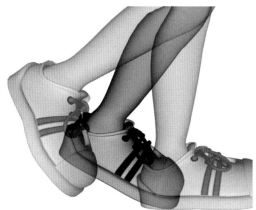

1. 兩個關鍵姿勢之間的分解動作的位置是由電腦軟體確定的，雖然符合電腦的既定程式，但確是錯誤的表現形式。

2. 這種處理方法相對就比較貼近真實情況。

3. 你希望在動畫作品能夠真實地呈現一個加速的過程，所以中間格的位置應該比較靠近第一個位置。如果作品能夠捕捉到這個加速的狀態，青蛙的動作就會顯得比較自然。

4. 或者，你想要讓自己的作品真實表現一個減速的狀態，如果這樣，你就需要把中間格的位置選在比較靠近最終位置的地方。

5. 你甚至可以讓青蛙跳躍時先遠離鏡頭，然後再回到原來的透視深度。如果這樣，那麼你的分解位置應該如右圖所示。這些例子雖然很簡單，但是電腦卻無從知道你想要在作品中呈現哪種效果，所以電腦只會按照既定的程式自動選擇一個位置，這個位置很可能是不合乎情理的，是錯誤的。

參閱：角色設計（第40頁）

3D動畫作品

在2D的電腦螢幕上創作3D的動畫作品是一項充滿挑戰的工作，但是一旦適應了這種工作方式，你會發現自己能夠創造出無限的可能。

一個用於動畫製作的3D數位套裝軟體實際上就是一個虛擬電影工作室。大多數專業動畫製作人員都是專攻這個套裝軟體中的某一方面（比如建模或燈光照明等），也就是說，動畫製作領域的分工和真正的電影工作室裡的分工實際上是一樣的。在建模這個環節之前，使用3D數位技術製作動畫和使用其他手法的步驟是完全一樣的。在3D軟體系統中，你可以製作人偶（也就是所說的建模），創建環境和道具並對其進行動畫處理，設置鏡頭的照明效果，設定攝影機運動方式，也可以在此對作品進行進一步修改，直到作品最終完成。

現在有很多3D製作軟體可供動畫製作人員選擇，其中有價格比較貴的專業套裝軟體，比如Maya、3dsMax、Softimage XSI；還有一些免費的套裝軟體，例如Blender、DAZStudio等。高端的套裝軟體通常會提供試用版本，你可以免費下載（但是一段時間之後就會失效）。選擇哪種軟體完全取決於動畫製作人員自己的喜好，在選擇過程中可以登陸網上論壇或者翻閱專業雜誌來找到最合適的軟體。如果你是3D動畫領域的新人，不妨先從操作相對比較簡單、價格相對比較便宜的套裝軟體入手，熟悉3D製作的工作環境，DAZStudio和Blender都是不錯的選擇。

建模：基礎知識

如果你事先已經確定會使用3D技術來完成作品，那麼在進行角色設計的階段就應該時刻提醒自己這個事實。因為寫實手法的頭髮和服裝會帶來大量額外的工作，複雜的人物會拖慢製作的進度。所以角色設定方案越簡單越好！

3D動畫作品中角色設計的最後一個步驟就是創作一系列精準的繪圖，或是草圖。這些在真正建模的過程中可以作為參考資料來使用。

◆ 圖像平面

將最終版本的角色設定圖（如左圖所示）輸入3D軟體中（如下圖所示），這個設計圖在建模的過程中可以作為參考，保證完成的模型能夠精確再現原始設計，比例上也不會出現問題。正面和正側面角度的設計圖也是不可或缺的，但是如果能加上一張3/4角度的設計圖就更好了。不要忘記設計一些細節部分，比如珠寶首飾等，同時也要畫一張大圖，作為建模時的參考資料。

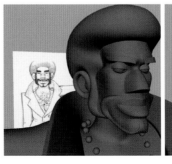

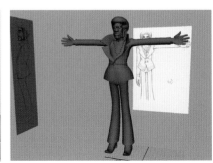

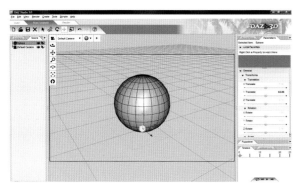

免費軟體

像DAZStudio這樣的免費軟體程式非常適合用於學習3D動畫製作的基礎知識，它的介面和大多數的3D套裝軟體大同小異。

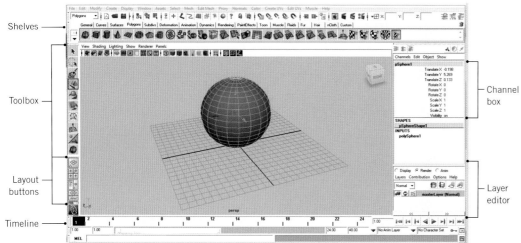

曲線
點
面

3D物體

將一系列的點用曲線連接起來構成曲面，再將這些曲面拼接即可構成3D模型。

Autodesk公司出品的Maya軟體

調整3D模型（如上圖所示）的工具都排列在“書架”上，書架可以按照使用者的喜好自行設置。

Shelves
Toolbox
Layout buttons
Timeline
Channel box
Layer editor

利用3D建模本身就是一門專業技術，建模工作者不僅要眼光獨到，而且還需要對體積、形態以及人體結構比例有深入的瞭解。這個流程技術含量很高，對於精細度的要求也很高，因為3D模型在動畫作品中要完成各種各樣的動作，所以在呈現彎曲和扭動時一定要自然。

幾何圖形

所有的3D建模都是建立在數學領域的幾何圖形基礎上的。你不需要瞭解相關的數學原理，但是一定要知道怎樣調整圖形才能得到可以進行動畫處理以及貼圖映射的形狀。3D座標X、Y、Z軸上的點、曲線以及面是3D建模的關鍵要素。你可以先從一個非常簡單的立方體或球體入手，然後通過調整最終生成一個更具辨識性的圖形；或者，你也可以從點和線開始，完成面，最終再將這些面發展為更加複雜的圖形。

自定義介面

熟悉了軟體的操作介面後，就可以根據需要對介面進行自定義設置了，便於通過使用快捷鍵的方式加快工作速度。圖中所示的介面就已經過了特殊設置，以減少動畫製作過程所花費的時間。

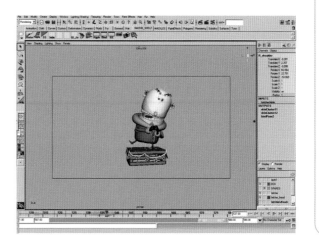

關於3D建模的建議

- 在3D動畫製作軟體中挑選一款，下載免費試用版，研究一下介面，看看哪個用起來最得心應手。

- 不要試圖一下子學會整個套裝軟體中的所有內容，這些程式都相當複雜，學習過程要注意循序漸進。

- 開始製作之前一定要先在紙上進行設計，不要忽略這一步驟。從長遠來看，這會為你省下不少時間。

- 角色設計越簡單越好，這點對於新人尤其重要。簡單的角色不僅製作起來節省時間，製作過程也會特別有趣，而且通常情況下都是行之有效的。

製作

3D動畫作品：幾何圖形

像雕塑家要從第一塊木頭或石塊上將多餘的部分一點兒一點兒地敲掉一樣，3D建模師也需要將虛擬空間中的圖形一點兒一點兒地雕塑成自己想要的效果。

使用3D軟體完成建模和進行石像雕塑實際上是異曲同工。大多數的3D程式都會提供大量的原始圖形，使用者可以任意選擇一個進行建模。你可以隨意進行推拉、延展或是變形處理，直到想要的最終形態日漸明朗。

在開始具體的建模工作之前，你首先需要決定到底使用哪種幾何圖形，兩種最常用的圖形分別為NURBS和多邊形組合面。

NURBS是四邊形，圖形中的各點用曲線連接，大多用於生物模型。多邊形是含有三個或三個以上頂點的圖形，各點之間用直線連接，基本用於非生命體模型，例如牆壁、冰箱等。

接著，你需要熟悉一下如何使用手頭現有的程式調整圖形。如果是使用NURBS的話，使用者就需要應用控制點（CVs）來調整弧線，改變弧線的形狀。如果使用的是多邊形，就需要調整構成圖形的交叉點。單個的點叫作頂點，可以通過使用不同的選擇工具來推拉這些頂點的方法來調整圖形。連接兩個頂點的線叫作邊，而三個或是三個以上的頂點就形成了多邊形或是面。

一些基本工具可以用來擠壓、斜切或折疊原始圖形的頂點或邊，這樣平面中多餘的部分就會逐漸消失，同時你還可以對圖形進行延展處理，直到圖形的最終形態和你的設計方案大同小異為止。

關於幾何圖形的建議

- 如果你是建模領域的新手，那麼一定要從比較簡單的任務入手。學習3D程式會花費一定的時間，你可以通過完成一系列的小任務來瞭解更多知識

- 盡可能多地使用快捷鍵，這樣可以提高建模的速度。

- 建模工作者需要考慮到模型在動畫作品中需要完成什麼動作。可能需要進行扭轉、彎曲、延展，或者只是站在那裡一動不動。在建模之前一定要看看對模型有什麼動作要求。

- 先用陶土來建模，這樣會讓你對模型的形狀和形態有進一步的瞭解。

❧ 原始圖形
大多數的3D程式都會提供一系列的原始圖形，作為你開始數位建模的起點。可選圖形通常包括球體、圓柱體、圓錐體、圓環（和甜甜圈一樣的形狀）、平面、立方體（通過延展可以變成長方體）。

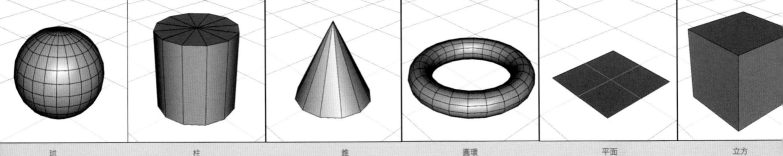

| 球 | 柱 | 錐 | 圓環 | 平面 | 立方 |

► 建模入門
使用3D軟體中的基本工具，就可以按照自己的直覺通過操控曲線和頂點來創建圖形。從簡單的自然圖形入手，在對於軟體和介面不完全熟練之前最好不要嘗試其他類型的圖形。

1. 創建一個基本的原始圖形，作為模型的起點。在示例中，我們選擇了球體。

2. 通過使用合適的選擇工具，可以抓住一點，然後對面進行變形處理。

3. 繼續拖拉點面，直到設計方案基本成型。

4. 所有的套裝程式都可以讓使用者在形狀成型的過程中從不同的角度觀察物體。

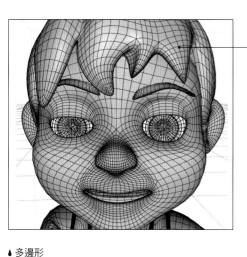

你會發現，想要呈現出的細節越多，需要的面和多邊形就越多，資料的數量就越多，檔的大小就越大。

◢ 多邊形
所有的模型都是建模師通過調整或雕塑複雜的面、點和邊完成的。這個模型是由直線多邊形創建的。

作業

在嘗試過於複雜的物體之前，用NURBS或多邊形中的原始圖形建立幾個比較抽象的模型，然後看看不同的調整工具對於這些模型的頂點會產生什麼樣的效果。

◢ NURBS或是多邊形
建模時選擇NURBS還是選擇多邊形，取決於你想要構建什麼樣的模型。一般來講，前者適用於構建有生命的模型，而後者則適用於構建非生命體模型。

這個圓環的原始圖形是由多邊形構成的，所有的邊都是直線。

原始圖形形狀沒有變，但是創建時使用了NURBS。它的面比較小，因為邊是由曲線構成的。

3D動畫作品：模型配置

如果沒有骨架的話，人就沒法運動，3D模型也一樣。為了對模型進行動畫處理，你需要給它插入一副骨架，這樣它才能擺出各種各樣有趣的姿勢，這個過程就叫作模型綁定。

角色的配置就像骨架一樣，是由許多"骨骼"和控制桿組成的，動畫製作人員可以通過操縱和使用這些"骨頭"和控制桿讓角色擺出特定的姿勢。這個配置必須符合力學原理，而且必須保證角色彎曲或運動的形態具有說服力。這個環節是一個非常複雜的工作，需要將骨骼、關節和面結合起來，同時還要進行一定的變形處理，需要應用運動學和混合變形領域的知識。骨骼的拼裝和連接工作都是在模型的網格物體內完成的。

為了讓電腦能夠瞭解處理綁定中不同部位的次序或優先順序，程式會要求使用者建立一個層次體系。這個層次體系看起來就像是一棵樹，從中間的根部出發，然後伸展到肢體的運動部位。角色的根部通常設置在骨盆位置，因為人體絕大部分的運動都是從這個部位發生的，而且這個部位也差不多就是人體重心所在的位置。

到底在配置中添加多少塊骨骼取決於計畫讓人物完成什麼樣的動作，以及動作到底要呈現出何種程度的細節。例如，你可能想對人物的每隻手都進行完整配置，這樣人物的手指就可以和真實情境中一樣伸展自如了。或者說，你可能想要簡化手部的骨架結構，這樣的話，每個手指有一兩個簡單的關節就足夠了。

❗► 插入配置

在人物運動之前，動畫製作人員需要將一副配置或骨架插入人物肢體，所有的關節都要設置在比較關鍵的位置。如手或腳這樣的部位在進行模型配置時可能會非常複雜。

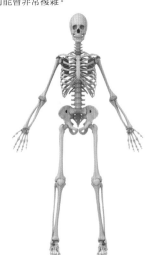

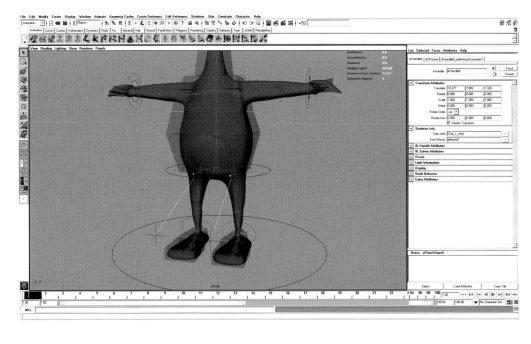

一旦配置中所有的骨頭都已經連接完畢，動畫製作人員需要為一些動作設置一定的限制條件，包括旋轉限制（防止頸部360°旋轉）、設定關節的活動範圍，防止關節向某個方向彎曲。然後，製作人員就可以隨意操控關節了。如果層次體系沒有問題的話，就可以通過動力學工具來控制人物動作了。動力學工具分為兩種，一種是正向運動（FK），一種是反向運動（IK）。正向運動是運動關節時最自然的一種方式，發生時按照層次體系中從上到下的順序運動。所以說，如果你想要讓人物用手抓起一件物品的話，那麼你需要先轉動肩膀，然後是手肘和手腕。而反向運動發生時，是按照層次體系從下到上的順序。也就是說，如果你動了動自己的手，手腕、手肘以及肩膀會跟著手的動作一起運動。反向運動充滿了不可預見性，電腦又會邏輯思考，所以電腦在處理反向運動時很可能採取最直接的路徑，錯誤地呈現手肘彎曲的畫面。

面部配置也可以通過使用骨頭和關節來完成和操控。但是目前進行面部配置的最好方法還是使用由各種圖形組成的骨架，這些圖形可以從一種形狀變化為另外一種形狀。（停格動畫的製作者通常會選擇各種各樣的頭型進行替代）這些圖形又稱為混合變形（blendshapes），需要按照不同的臉型製作不同的模型。建模工作人員可以創建一個混合變形器（blendshapeeditor），這樣他們就可以將圖形混合起來，然後通過操縱滑塊來進行變形處理。

模型配置的最後一個步驟就是確認當開始彎曲或是扭轉模型時的所有關節時，表面的網格不會出現扭曲。你可以想像將一張紙捲成一個管子，把這個管子當作手臂，然後讓它彎曲90°，這樣管子的正中央就會出現折痕和褶皺。如果網格變形的過程沒有控制好的話，3D手臂的網格也會出現這種結果。這個過程也叫作蒙皮處理，（skinning）網格就好比是人體的皮膚，下面埋藏著肌肉和骨骼，通過這個流程，你要達到的目的就是讓模型呈現出這樣的效果。完成皮膚處理的方法是讓網格上所有的頂點都和某一塊骨頭對應起來，讓它跟著骨頭一起運動。處理關節附近的頂點要仔細斟酌，因為兩塊骨頭都會對這個頂點產生影響。關節處經常會出現不必要的扭曲現象。讓關節平整，最常用的方法是使用一個封套（就像在紙筒的正中間放一個乒乓球一樣）。這樣，關節彎曲的時候就不會出現凹陷了。

模型綁定和皮膚處理工作完成之後，要進行全面測試，以解決模型中存在的所有缺陷，這個步驟也是至關重要的。

▌ 層次體系

和骨架的工作原理是一樣的，它是在層次體系結構中建立起來的。在這幅圖中，你可以看到層次體系的頂部是肩膀附近的主要骨骼（肱部），而手指則處於層次體系的底部。

整個模型的層次體系結構顯示為一個井然有序的系統。

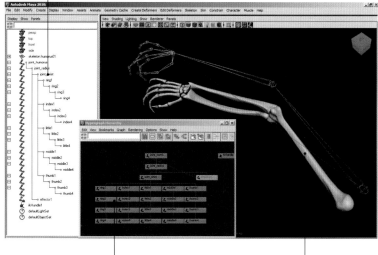

如果是為了考察層次體系和其中的關聯，這個結構圖也可以以圖表的形式呈現。

這個骨骼模型的配置和模型本身看起來差不多。

➤ 混合圖形

這是為尼克‧麥凱（Nick Mackie）的《倫敦員警》（Cockney Coppers）中的一個角色製作的混合圖形。在實現口形同步時，動畫製作人員不需要為每個聲音都製作一個新的口形，他只要使用已經提前完成的口形，然後替換時間軸某一格畫面上的整個頭部就可以了。此外，製作人員還可以將這些形狀混合在一起，製作出中間位置，也就是"混合圖形"。

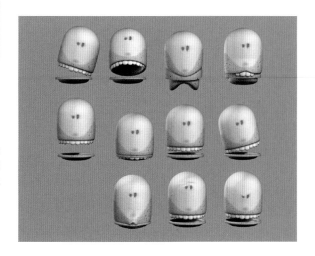

3D動畫作品：明暗運用

大多數3D模型的默認外觀都是顏色暗淡的，看起來像是某種塑膠製品一樣。建模的最後一個步驟就是為模型添加色彩、陰影以及紋理效果。

如果繼續將數位建模比喻成雕塑，那麼最後完成的模型看起來就像是結構完整、表面光滑，但是卻缺乏細節、光影、色彩以及紋理的最初模型。為了讓這個模型可以用於動畫製作，我們需要對模型表面進行進一步細化。

建模人員需要操控3D製作軟體，設置模型上每個面的具體材料特徵。這個工作一般分為兩個部分：明暗運用以及紋理處理。

明暗運用

為了呈現模型的真實材質，進行明暗運用的過程中需要讓許多特徵在模型的表面上呈現出來。基本的明暗運用表現的是光打在物體上時，物體表面看起來是什麼樣子的，這樣能夠讓模型栩栩如生。例如，光照在球體的表面上，投下陰影，這個球體看起來就是3D的。如果表現球體的圖像只有一種顏色，而且沒有使用任何陰影，那麼球體看起來就像是2D的圓形。此外，還需要設置材料是否有透明度，是不是玻璃（因為玻璃會吸收光線），以及物體表面是否反光。因為物體表面越光滑，折射光的能力就會越強，會出現強光部分，而且如果反光的能力到了一定程度，就會映出周圍物體的影像。最後，因為默認表面極其光滑，你需要增加一些凹凸或是顆粒，讓模型充滿質感，尤其是對於那些有機材料，比如木頭。這些表面浮雕叫作隆起，也可以稱之為凸版。

紋理處理

除了讓模型的表面呈現出浮雕效果之外，你也可以通過用紋理貼圖覆蓋面上幾何圖形的方法來增加更多的細節。這些紋理貼圖可以是在2D軟體或3D軟體中根據數學計算所生成的程式紋理，也可以是由動畫製作人員採用數位技術對照片或藝術作品進行描繪所產生的點陣圖圖像，並在該圖像的基礎上進行進一步處理而生成的紋理檔。照片紋理可以鋪滿整個表面，如果紋理沒有明顯的邊界的話，看起來就會一個縫隙都沒有，因此人們也看不出來照片紋理實際上是重複的圖案。這種技法通常用於表現大型平面，比如牆壁、地板等。

如果是使用Painter或是Photoshop這樣的軟體在模型上繪圖，你需要首先創建一個UV紋理座標，然後將這個座標在2D平面上展開。接著，要將這個平面輸入到2D繪圖系統進行繪圖工作，然後再輸入3D程式，用平面將模型包裹起來。當然，也可以使用Zbrush這樣的程式直接在3D模型上進行繪畫工作。

如果某個情境需要在鏡頭中結合照片或圖像，或者需要給某個物體打上標籤，通過輸入點陣圖圖像或使用紋理放置工具就可以完成。這些紋理可以在模型的UV座標上展開，或者是以範本圖的形式直接投射到模型表面上。

► 影子和映射
動畫製作人員需要告訴電腦，光源來自於哪個方向，模型是由什麼材質構成的，這樣它才能計算出陰影和映射的正確面積。

► 製作紋理
確定了模型表面反光材質的類型以及如何進行明暗處理之後，模型製作人員需要為模型增加紋理特徵。無論是木料紋理、衣服還是皮膚，現實世界中的一切物體都有一定的紋理。

這個球體沒有任何明暗效果，表面也沒有表現出任何特徵，所以看起來是個平面。

一個簡單的光源就讓球體呈現出了立體效果。

表面經過透明度處理之後就會產生玻璃球的效果了。

在球體表面添加了一些強光和反光的效果。

經過處理，表面還能夠映射出周圍物體，這個球體呈現出反光效果。

在球體表面添加了凸紋貼圖，圖中有凸起和顆粒。

這個球體應用了照片紋理，整個物體表面紋理不斷重複。

任何大小的照片紋理都可以用來包裹物體或物體的某個部位。

只要是點陣圖圖像，任何藝術作品都可以以紋理的形式覆蓋到模型上。

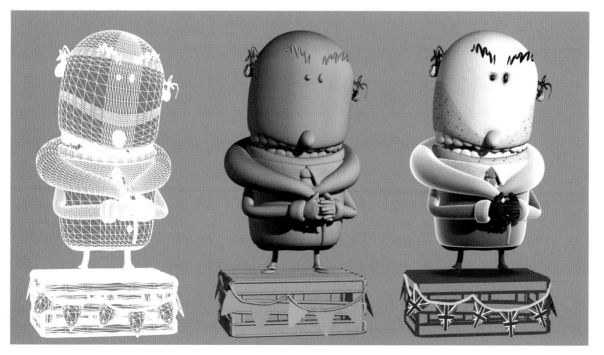

➤ 建模步驟
本圖表現了建模過程中的三個步驟。左起的第一幅圖像表現的是模型的基本幾何形式，這個階段的模型是由上百個多邊形面構成的；中間的圖像表現的是基本上已經完工，但是還沒有處理過表面的模型；右邊的圖像表現的是進行了打光、明暗運用、紋理處理的模型。

製作

參閱：舞臺設定（第62頁）與鏡頭類型（第106頁）

場景規劃

如果沒有作好場景規劃的話，那麼你的作品註定失敗。場景規劃師應該從分鏡腳本的環節著手，他們的工作是將一個鏡頭中所有的元素糅合到一個構圖中。這個構圖不僅要看起來順眼，而且還應該有助於講述故事，同時還要讓動畫設計師能有足夠的空間來完成故事情節。

基本的故事情節和鏡頭結構實際上應該在分鏡腳本的階段就已經設計好、決定好。場景規劃的主要作用是給鏡頭添加細節，確認鏡頭之間是否順暢連接，規劃鏡頭運動方式，明確每個鏡頭的長度和動作，同時建立一個背景和道具的資料夾，這些背景和道具可以在整個過程中反覆使用。

在進行場景規劃之前，場景規劃師首先應該確認自己是不是對故事的整個結構框架瞭若指掌，知道目前的情節處於故事發展的哪個階段。同時，他還要考慮到下列問題：場景是如何推動故事發展的；這個鏡頭中，人物行為的動機是什麼；接著，規劃師需要看看自己的場景和前後場景之間有什麼關係，看看這個場景是不是需要向作品中的人物或觀眾透漏什麼重要的故事情節。下一步，規劃師就可以通過作品批註或說明的方式詳細地詮釋出動作的具體細節。絕對不能讓角色作出格格不入的事情，或者設計對整個故事發展毫無關聯的情境。如果角色需要完成什麼動作，一定要給予明確的動作指令。未經導演確認，不要隨意添加劇本或分鏡腳本上沒有的笑點或戲劇性的情節，因為這樣做可能會影響到對於醞釀一個更大的笑點所進行的鋪陳，有時甚至會影響到整個故事情節的發展。

◗♦ 設計動作

3D場景規劃包括組織鏡頭元素和設置相機位置。在這個階段，為了加快速度，所有圖像的解析度都很低，所以對於紋理和陰影的使用基本上是能省就省。場景規劃師經常會順著時間軸畫出所有人物或鏡頭所在位置的草樣。

◀ 視圖指示器

視圖指示器或標線經常用於設定鏡頭運動方式，便於場景規劃師計算鏡頭視角的大小。

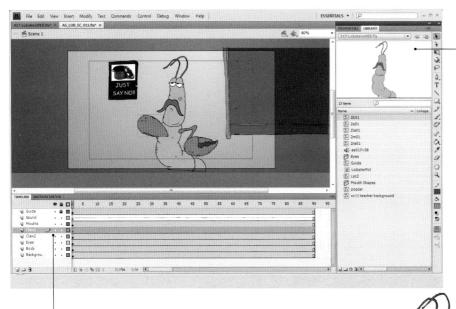

所有的元素都放在不同圖層中的正確位置，等待動畫製作人員進行進一步的處理。

這幅用Flash軟體製作的2D動畫場景是由場景資料夾裡的元素組成的，這些元素都是場景規劃師之前畫好並存放在資料夾中的。

► 元素

無論是製作2D動畫還是3D動畫，場景規劃這個環節都是必不可少的。場景規劃工作包括將一幅鏡頭需要的所有元素都糅合在一起。場景規劃師需要確認所有能正確表現眼睛和嘴形的圖像都已經設計完成，並保證角色能呈現出鏡頭中所需要的姿態。

關於場景規劃的建議

- 只有在場景中的故事情節或角色動作需要時才使用鏡頭運動技法。
- 每個角色任何行為的動機都必須是合理的，這一點要在場景規劃的過程中明確地體現出來。
- 場景規劃檔案夾裡的圖片可能解析度較低，而且只是進行過簡單編輯處理。這些圖片叫作畫略圖，就是將動畫作品用畫略圖表現出來。
- 清晰明瞭是優秀的規劃方案不可或缺的一個條件，一定不要對任何細節掉以輕心。
- 一定要保持前後鏡頭風格的一致性。如果其他所有鏡頭都是平視的高度，忽然採用一個明顯的俯角鏡頭會打亂整個作品的流暢性。

在設計鏡頭構圖時一定要採取最合適的方式，將觀眾的注意力導向你希望他們注意的位置，同時選擇最合適的鏡頭角度。設定角色位置和姿勢時，一定要考慮到人物是否有足夠的空間完成動作。

最後，場景規劃師需要扮演電影攝影師的角色，要反復確認作品中是否有明顯的不連貫問題。通過鏡頭角度、鏡頭類型以及鏡頭焦距的使用找到最佳的透視效果。同時還可以通過調節時間軸來選出角色重要的位置或姿勢。

場景規劃是數位工作室中出現時間相對較短的一個工作。場景規劃師的作用和設計稿的設計師所扮演的傳統角色不盡相同。後者是在設計與構建鏡頭元素的工作還沒有完全完成之前，在2D作品或3D作品的簡單片段中進行鏡頭設計，為整部動畫製作工作提供詳細的規劃圖。而前者主要是負責規劃鏡頭中數位元素的擺放和構圖，而這些元素已經全部製作完成，可以直接傳給製作團隊的其他人員進行使用，收錄在數位場景檔案夾中。

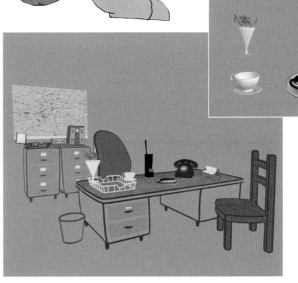

► 道具

3D動畫和2D動畫裡的場景規劃工作其實是大同小異的，這個環節要將作品需要的所有元素安置在鏡頭中適當的位置。所有缺失的道具都需要在這個階段製作完畢，否則就會延誤動畫製作的進度。

製作

場景規劃：鏡頭

在數位動畫製作領域，人們對於鏡頭這個要素往往沒有給予足夠的重視。當然，數位動畫並不是一種完全依靠鏡頭說話的藝術形式，但對於動畫作品來說，就是要儘量達到鏡頭所要呈現的效果，對於這一要求，動畫製作人員一定要時刻牢記。因此，想要勝任場景規劃的工作，對於攝影機以及鏡頭的認識和瞭解是必不可少的。

鏡頭運動

鏡頭運動是場景規劃流程中必不可少的一個部分，在進行設計時一定要花些心思。使用數位動畫製作軟體的一點好處就是你可以隨意調整鏡頭的位置。但是也有不好的地方，就是初涉動畫製作領域的人可能會毫無目的地將鏡頭轉來轉去，讓動畫作品的最終品質大打折扣。

使用某種鏡頭運動一定要有合理的理由，鏡頭推進是為了讓觀眾把注意力放在畫面上的某個區域，而鏡頭拉遠通常則是為了向觀眾展現什麼。搖鏡，有時候是為了呈現整體畫面，有時候則是為了追蹤某個動作。

不要無緣無故地使用某種鏡頭運動，讓角色的動作貫穿整個鏡頭是一種很好的處理方式。如果製作人員決定某個鏡頭會使用鏡頭運動效果，那麼就不要緊接著在下一個鏡頭中使用鏡頭運動，尤其不能在下一個鏡頭使用相反的鏡頭運動方向，這樣會產生一種被稱為"溜溜球"的效果，會讓觀眾覺得頭暈目眩，同時也會影響整部作品的連貫性。

但是有兩種特殊情況，可以使用連續鏡頭運動的拍攝方式。第一種情況是在試圖表現一系列精心設計的動作片段時（但是如果你認真研究動作電影的話，你會發現使用這種方式的作品也是鳳毛麟角），另外一種情況是在拍攝音樂錄影帶的時候，這種作品的標誌性特徵就是斜角（Dutch angles）鏡頭和鏡頭運動效果。

焦距

電影用攝影機可以使用不同焦距的鏡頭，這些鏡頭和攝影中使用的鏡頭相差無幾。在進行鏡頭規劃的時候，規劃師要決定每個鏡頭到底要呈現出哪種鏡頭的效果。廣角鏡頭（35毫米以下）視野寬廣，可以使圖像中納入更多的元素，但同時也會產生誇大景深的效果；標準鏡頭（50毫米）和人眼的視野範圍差不多；而長焦鏡頭（80毫米以上）會使視野變窄，讓鏡頭能在遠處的一個物體上聚焦，同時也會使圖像的景深變淺。

景深

進行場景設置，引導觀眾視線的另一個有用的工具是使用景深效果進行焦點處理。景深指的是畫面中主體前後清晰的範圍，景深之外所有的物體都比較模糊。廣角鏡頭的景深一般較深，所以鏡頭中幾乎所有的元素都非常清楚；而長焦鏡頭的景深很淺，主體元素前後所有其他元素基本都是模糊不清的。

▼ 景深

左邊的兩幅圖片景深較淺，所以只能單獨呈現前景中的籬笆或貓。而右圖中的景深較深，所以就可以同時聚焦在前景和背景上。

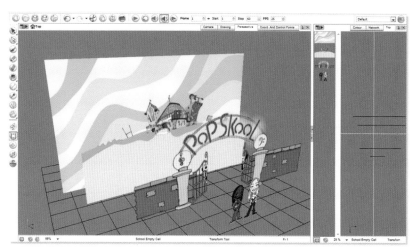

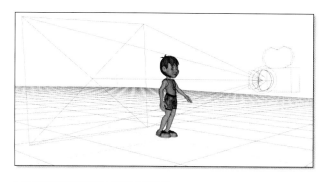

◣ 呈現多平面攝影機效果
即使是使用2D動畫製作技術，也可以通過運用多平面攝影機功能來創造出深度變化效果。

▾ 焦距
鏡頭焦距會影響視野範圍。下面例子中頂圖使用的是廣角鏡頭，背景包含了更多的元素。而底圖使用的是長焦鏡頭，視野範圍較窄，而且圖像看起來也有些過於平淡。

電影製作中，最為有效的一種鏡頭就是"變焦"鏡頭，焦點會從前景中的一個物體上慢慢移動到遠處的另一個物體上面。使用很淺的景深就能實現這種效果。

只要動畫製作人員對於所用程式中的鏡頭功能有一定的瞭解，同時能夠細緻地進行鏡頭規劃，所有的鏡頭效果都可以通過數位技術實現。有些動畫製作軟體沒有鏡頭功能，例如Flash，但是使用者可以通過移動圖像或改變圖像比例來實現某種鏡頭效果。

多平面攝影機

如果是使用3D動畫製作技術，那麼製作人員一定要習慣操縱Z軸，也就是控制深度的座標。但是在2D動畫製作軟體中，只能使用X軸或是Y軸來呈現所有的動作，如果使用多平面攝影機這個功能，想要讓某些鏡頭產生立體效果也是完全可能的。多平面攝影機的目的就是將圖像拆解成不同的圖層，使用者在進行奇思妙想的設計和場景規劃之後，可以通過逐一對圖層進行處理，讓移動攝影機穿過各個圖層的方式來產生深度變化的效果。

攝影表

在進行場景規劃的時候，所有關於場景以及鏡頭運動方式的處理都必須用註解標示出來，這時候攝影表就派上了用場。攝影表會將鏡頭逐格呈現出來，讓你的註解和每格鏡頭都對應得正確無誤。實際上，攝影表是垂直閱讀而不是橫向閱讀的時間軸，動畫製作團隊的每一名成員必須對閱讀攝影表熟練瞭解。

◣ 在3D動畫製作軟體中設置鏡頭效果
學習基本的攝影原理，並加以應用。這些原理包括：鏡頭類型、鏡頭角度以及景深效果。

➤ 多平面攝影機使用技巧
如果攝影機聚焦位置是中間的圖層B的話，背景C和前景A都會模糊不清，這樣就會產生深度變化的效果。數位製作軟體現在能夠重現這種多平面攝影機效果，可以將許多2D或3D圖像元素進行分層處理。

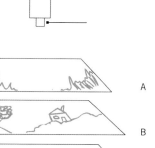

▾ 攝影表
工作人員可以將場景規劃的所有資訊都記錄在攝影表上。這些資訊包括鏡頭視野範圍、鏡頭運動方式、場景元素以及其他製作方法提示。

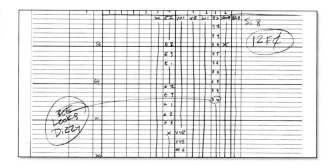

參閱：分鏡腳本（第24頁）與動畫作品剪輯：理論（第128頁）

製作

鏡頭類型

知道究竟要在作品的什麼地方、什麼時間使用什麼類型的鏡頭是電影製作和動畫製作的重要組成部分。

業界有一個規定，就是按照鏡頭距離物體的長度、角度以及鏡頭是否移動來定義不同類型的鏡頭。這些術語會用來描述整個製作過程中涉及到的所有鏡頭，從最初的分鏡腳本（參見第24頁）一直到鏡頭設計和最終構圖。因此，製作小組的每個成員都必須對這些術語有一定的瞭解，這一點是至關重要的。

使用不同類型的鏡頭不僅可以讓電影作品帶有視覺上的新鮮感，而且還可以有一些情感上的鋪陳或是凸顯作用，同時還可以讓整個故事情節更加精彩。例如，遠景鏡頭通常用來展示故事發生的特定地點，而且常常在電影的開頭出現，用來交代之後的鏡頭中出現的背景。觀眾對於這種電影語言不僅瞭若指掌，而且從某種程度上講，任何違背這種電影語言的表現方式都會讓他們覺得有些突兀。如果你想要突破創新（當然，任何人都有創造的權力），一定要意識到這樣做可能會讓觀眾不明就裡、一頭霧水。

鏡頭角度會增強動畫作品的戲劇效果，如果使用恰當，會產生令人歎為觀止的效果。高水準鏡頭會讓觀眾覺得熟悉而舒服，而如果鏡頭先是落在地面上，然後再逐漸抬高展現整個角色的話，通常是為了凸顯角色的孔武有力；同樣的道理，如果鏡頭是從上到下俯角拍攝的話，就會突出角色的弱不禁風或是不堪一擊。不同的鏡頭運動方式也是非常行之有效的表現手段，但是使用某種鏡頭運動方式一定要出於能夠輔助作品表現的目的，而不是無緣無故地加以使用。

剪輯作品的時候，一般有這樣的一個視覺審美標準，就是一定要交替使用不同類型的鏡頭，這樣才能讓整個作品看起來五彩繽紛，而不是一成不變。初涉動畫製作領域的新手通常面臨的批評都是在作品中使用的鏡頭類型過於單調，所以他們的作品看起來過於平淡無奇。

雙人鏡頭
雙人鏡頭指的是鏡頭中出現兩個角色的鏡頭。同樣的道理，你也可以使用 “單人鏡頭” 或是 “三人鏡頭”。

過肩鏡頭（OVER-SHOULDER SHOT）
過肩鏡頭讓觀眾的視角停留在一個角色的肩部，然後看向另外一個角色。這是在表現角色對話的情況下經常使用的一種鏡頭類型。

仰角鏡頭
如果想要讓角色看起來孔武有力，或不可一世，可以將自己的鏡頭移動到一個比較低的位置，仰視角色。仰角鏡頭的極限版本就是一種叫作 “蟲瞻圖（worm's-eye-view）” 的鏡頭，使用這種鏡頭時，鏡頭是直接指向天空的。

俯角鏡頭
如果鏡頭是從一個俯視的角度來呈現角色，就會讓角色看起來忐忑不安，或是弱不禁風。這種鏡頭的極限版本叫作 “鳥瞰鏡頭（bird's-eye-view）”，使用的時候，鏡頭會直接指向下方的地面。

斜角鏡頭
這種鏡頭角度通常有些傾斜，或選擇一個出其不意的角度，這種鏡頭類型通常是在快節奏的音樂錄影帶中使用。

大遠景（EXTREME LONG SHOT）

這種鏡頭經常作為"定場鏡頭"加以使用，放在整個作品的開頭或是一段場景的開頭，通常情況下是為了交代故事發生的地點特徵或是整個城市的掠影。

遠景鏡頭（LONG SHOT）

遠景鏡頭也可以用作"定場鏡頭"，但通常情況下與角色之間的距離較近，以便觀眾能夠認出角色，知道他們大致的動作，但是可能看不清他們的面部表情。這種鏡頭能夠體現出他們在整個場景中的位置。

特寫鏡頭（CLOSE-UP）

如果想表現角色的某種反應或是其他的面部表情，就可以選擇使用特寫鏡頭。這種鏡頭為了充分表現某個角色，通常一個鏡頭中只出現一個角色。

◄▲► 掌握鏡頭類型

無論你從事的是實景電影拍攝還是動畫作品製作，使用的鏡頭類型基本上是大同小異的。上圖中展示的分別是大遠景鏡頭、遠景鏡頭以及特寫鏡頭，這些都是電影攝影師經常使用的鏡頭。此外，還有一些常用鏡頭，如對頁圖片以及下圖中所示。有時候，攝影師可能會對這些鏡頭稍加改動，比如說大特寫鏡頭，這種鏡頭經常用來展示一個非常小的細節，可能一隻眼睛就會佔滿整個螢幕。

 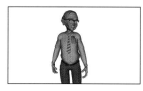 

鏡頭推進或拉遠

鏡頭推進或拉遠表示的是鏡頭靠近物體或遠離物體。這種鏡頭處理方式和真人實景電影中的變焦截然不同。後者表示的是鏡頭的位置固定不變，通過調節焦距的方法放大或縮小畫面中的物體。雖然鏡頭推進或拉遠和變焦有些異曲同工之處，但是使用兩種方式產生的效果略有不同。

 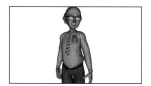 

推拉鏡頭

這個系列的圖像同樣也是推拉鏡頭，但是通常是以人物的左側或右側為視角去表現人物的動作。如果是拍攝真人實景的電影，攝影機需要安放在軌道上或手推車上才能進行拍攝。

鏡頭運動方式

左右搖鏡（Pan）

使用搖鏡時，攝影機要固定在三腳架上旋轉，向左或向右水準運動。

上下鏡頭

這種鏡頭是將攝影機安放在固定的三腳架上，然後讓其垂直向上或向下運動。

"機座運動"鏡頭（Pedestal）

這種鏡頭也是垂直運動，但是要依靠攝影機機座的運動，而不是攝影機本身的運動完成的。

升降鏡頭（Crane）

在真人實景電影中，這種鏡頭的拍攝成本是非常昂貴的。因為攝影機首先需要固定在吊車的吊臂上或車載升降機上。通常情況下，吊臂鏡頭會先從對角色進行中景拍攝開始，然後鏡頭逐漸拉遠，接著向上，再拉遠，直到螢幕呈現出整個街道的俯瞰圖。

"掌上型"鏡頭（Handheld）

如果想讓自己的作品有一種紀錄片的效果，可以通過模擬手持攝影機的鏡頭運動方式來創造出類似效果。

連續性

為了讓整部作品能夠一氣呵成，製作人員在製作過程中考慮的對象應該是整個片段，而不是單個鏡頭。

通常情況下，動畫電影是由一系列鏡頭組成的，這些鏡頭呈現出的節奏以及音效不能斷斷續續，一定要一氣呵成，並合乎情理。一部作品製作得好壞與否完全是由故事和行為的流暢程度決定的。

畫面連續性看起來有問題的作品會讓觀眾看得怒火中燒，因為畫面的節奏會被打亂。在動畫製作過程中，如果事先規劃得比較周密或是製作的分鏡腳本比較詳盡的話，就可以輕而易舉地避免這個問題。

一部連續性欠佳的電影看起來就像是將鏡頭生硬拼接在一起一樣。雖然這些鏡頭可能情節生動、動作有趣，但也不是一個整體。如果可以保證作品的連續性，觀眾就會不由自主地身陷其中，被故事情節吸引，就不會因受某些因素影響而看得非常鬱悶。如果作品中某個部分的情節不是一目了然地呈現給觀眾，那麼這部作品就會遭遇觀眾流失的問題。

如果製作人員對空間、時間、方向、服裝、連接鏡頭和音效這六個容易出錯的方面提高警覺，就能控制連續性問題。

空間

如果作品中的角色在連續的鏡頭中出現了明顯的位置變化，觀眾很可能就會看得一頭霧水。一定要將作品中所有的角色和鏡頭放置在合乎情理的位置，在編排人物動作時，假設自己是在導演舞臺劇，一定要讓所有攝影機都對著"舞臺"。

例如，如果一個場景的第一個鏡頭展現的是遠處的一處農舍，那麼觀眾就會想當然地以為接下來所有的內景鏡頭都在農舍發生的。

在同一個場景中，一定要保證角色的位置前後一致。如果角色向右轉，朝門走去，製作人員就一定要展現後續動作，即對門把手進行特寫，表現角色的手從左邊進入鏡頭，然後握住門把手。

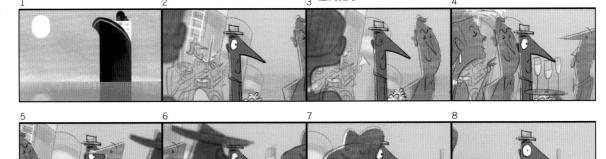

◖ 壓縮時間

這個片段在螢幕上會持續20秒左右，但是因為採取的敘事結構，放映時可能會花費更長的時間。第一格是定場鏡頭，交代場景發生的地點是在輪船上。轉換到第二格的時候，觀眾就知道了故事的主角，也就是戴著帽子的男人，他正站在船上。使用鮮花這個道具暗示他正在等待自己的愛人。從第三格到第七格拉長了時間，畫面上出現了越來越多的次要角色，大多數都是情侶。當主角穿梭在人頭鑽動的甲板上，看到其他情侶情意綿綿的時候，角色的孤獨就躍然紙上了。到了第八格，我們已經不由自主地和戴著帽子的男人產生了共鳴，現在，他的情緒已經開始漸漸寫在臉上了，我們也開始感同身受，開始迫不及待地想要知道他在找的人到底會不會出現。

時間

如果想要讓作品引人入勝，一定要保證時間上的連續性和真實可信度，而且前後要保持一致。如果身處公寓的一個角色從左邊退出畫面，而下一個鏡頭就是外景鏡頭，表現的是一棟拔地而起的大樓，而剛才的那個角色從大門走出大樓，觀眾不會產生疑問，也不會質疑角色走下樓梯或搭電梯到底花費了多少時間。在觀眾的腦海中，他們會壓縮那部分時間，忽略不計，並完全接受作品的處理方式。但是，如果我們讓同一個角色從左邊退出鏡頭，然後馬上切換到公寓內某個門的鏡頭，角色速度過快地進入鏡頭的話，這個過程就會顯得有些斷斷續續。

方向

在一系列連續鏡頭中，角色的方向必須前後一致。如果將一些鏡頭組合在一起，表現一段旅行的話，角色在螢幕上運動的方向必須一致。如果角色在下一個鏡頭中朝著相反的方向運動，那麼觀眾就會認為他們打道回府了。

連接鏡頭

這些鏡頭應該在場景設定的規劃環節就決定，一定要保證製作的鏡頭和前後鏡頭都要並行不悖。檢查時一定要注意角色的表情，注意一個鏡頭結尾處起始的動作在下一個鏡頭初期要有一定的延續。最重要的就是角色在鏡頭中的位置要前後一致。如果某個角色在一個鏡頭中是坐著的狀態，不要讓他們在下一個鏡頭中處於站著的狀態。

跳軸

動畫作品中，尤其是3D動畫作品中最常見的連續性問題之一就是"跳軸"問題，這也是最容易造成觀眾困惑的一大問題。出現這種問題的時候，角色會突然面向錯誤的方向。理解這種效果最簡單的方式就是想像正在進行一場足球比賽，所有的相機都在場地的一邊拍攝比賽進程，只有一台相機除外。每次導演切換到與其他相機鏡頭方向相反的那台，畫面上呈現的動作就變成了相反方向，這種處理方式會讓觀眾完全失去方向感，不明所以。

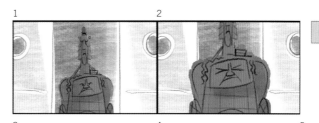

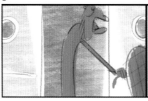

▲ 方向

第一格到第三格採用的是戴帽子男人的視角，展現的是從門口出來的其他人。值得注意的是，高個子的角色在第三格中從右邊退出畫面。畫面切換到第四格，是對於戴帽子男人的特寫。因為現在鏡頭已經轉換了方向，和原來的方向相反，所以剛才的那個高個子角色在第五格中就是從螢幕的右邊進入畫面。但是，我們不會覺得有什麼突兀，因為從高個子角色的角度來講，方向和動作是沒有任何問題的。

▲ 服裝

有一種低級錯誤非常常見，就是在某個鏡頭中，會突然出現一個新的道具。第一格畫面中，戴帽子的男人雙手捧花，觀眾看得一清二楚，而到了第二格的時候，他的手中忽然出現了一個手杖。這些前後矛盾的現象應該在分鏡腳本的環節中加以糾正。

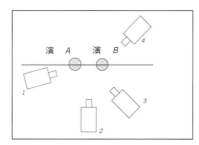

▲ 朝著錯誤的方向

本圖中出現了兩個演員，有四台攝影機對著他們拍攝。1　3號攝影機拍攝的都是角色A的左邊，如果某個鏡頭忽然切換到了紅線另外一邊的4號攝影機，角色A就會突然呈現出右邊，這個片段看起來就會不合情理。

關於連續性的建議

- 在為某個場景製作分鏡腳本的時候，可以同時製作一張該場景的鳥瞰圖，在圖中標出每個角色和鏡頭的位置。這樣做就可以讓製作人員隨時檢查空間連續性這個要素。

- 在製作某個鏡頭的時候，一定要注意前後鏡頭中的情況，這樣才能保證所有的鏡頭一氣呵成。

- 不要存在任何僥倖心理。在前期製作階段就應該對所有鏡頭進行細緻規劃。到了動畫製作這個階段，你可能會一心一意地專注在單個的鏡頭上面，從而導致連基本的連續性錯誤都看不出來。

算圖與輸出

從3D軟體程式中把動畫作品輸出，對所使用的電腦的硬體配置有較高的要求。

專案的最終介質以及後期製作方法對鏡頭特徵有不同的要求，製作人員要根據這些要求對一格一格的畫面進行算圖處理，達到最高的品質。使用3D動畫製作軟體進行算圖處理的時候，每一格鏡頭都需要電腦對物體的表面、幾何圖形、材質等進行幾百萬次的數學計算。因為一部作品通常是由成千上萬格圖像組成的，所以算圖處理這個過程是相當考驗電腦性能的。

雖然電腦的處理能力正在不斷提升，但軟體的發展也是日新月異。因為軟體版本越來越複雜，所以算圖處理還是需要花費很長的時間。

電腦越多，算圖處理的速度也會相對越快。所以動畫製作的工作室通常都有好多台電腦專門用於算圖處理。這些"算圖農場"24小時工作，進行數百萬次的計算，這樣才能生成高清晰度的圖像。即使電腦的性能出類拔萃，處理相對比較複雜的圖像也需要花費幾個小時的時間。

在使用軟體進行算圖處理之前，電腦會事先讓使用者確定自己到底要使用多大的像素解析度。NTSC制式（北美使用的電視系統）和PAL制式（歐洲使用的電視系統）畫面像素比例

的大小是不一樣的。現在電視臺統一使用寬頻放送的形式，所以動畫製作人員一定要注意自己到底需要多大的尺寸。下面的表格比較了幾種畫面像素比例，如果對表中的資料有疑問的話，可以諮詢電視工程師或相關技術人員。

接下來，電腦會要求你確定檔格式。雖然大多數製作程式中的自動選項都是使用Quicktimes或AVI格式進行輸出，但是為了達到最佳的效果（同時為了備份），建議製作人員輸出一些格式為TIFF或TGA的圖像。這些格式的檔極易解壓，而且很容易輸入到Premiere或FinalCut這樣的剪輯軟體中。一般來講，首先要實驗性地對電影檔進行算圖處理，而不是一次成形。

大多數的動畫製作人員都喜歡把自己的鏡頭算圖處理成多重圖層的檔，這些圖層稍後會被合併在一起，然後在最後合成階段加以完成。這種處理方式會帶來很多好處，雖然花費的時間長一點，但你對每個圖層都可以掌控自如，從長期製作的角度來看，可以充分地發揮製作人員的創造力。

▼ 畫面像素比例
格式的類型越來越多，它們的比例很容易混淆，所以使用時一定要提高警惕！

畫面像素比例（Pixel aspect ratios）	
NTSC SD 4:3	720 x 480
NTSC SD 16:9 (WIDESCREEN)	853 x 480
PAL SD 4:3	720 x 576
PAL 16:9 (WIDESCREEN)	1024 x 576
1080 HD	1920 x 1080
IPOD	320 x 240

▌算圖功能設置

大多數的軟體程式都可以將動畫作品以電影檔或圖像序列的方式進行輸出。為了達到最好的品質，最好選擇圖像序列的方式，因為這種檔可以按照要求的圖像清晰度進行解壓。如果使用者無法一直待在電腦旁邊，可以成批地依次解壓幾個序列的檔，這樣電腦在夜間也可以工作。

可以對整個作品進行算圖處理，也可以將某些獨立的元素進行算圖。選擇哪種方式取決於製作人員要如何控制圖像合成的環節。

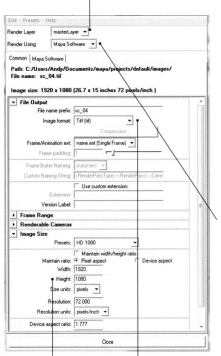

主要鏡頭的輸出檔一定要採取圖像序列的形式。

所有的軟體程式都有內置的算圖功能，但是製作人員也可以選擇購買算圖強度更好的專業軟體，比如Pixar公司開發的Renderman算圖器。

大多數的製作軟體會按照行業標準對圖像大小和畫面元比例進行預先設置，同時，輸出檔可以有多種格式，所以思考哪種格式符合最終發行介質的要求時，一定要參考其他人的意見，不要一意孤行。

關於算圖處理的建議

- 算圖處理會減慢工作進度，可以另外購買一台電腦專門用於完成算圖工作。算圖通常會佔用電腦所有的功率，所以使用者基本上無法同時完成其他的工作。

- 如果條件允許的話，最好將鏡頭的所有圖層分別進行算圖處理，這些圖層稍後會整合在一起，然後再進行細微調整。

- 盡可能對算圖工作進行多次試驗，製作人員一定要保證算圖處理能夠讓動畫作品展現出最好的色彩和最佳對比效果。

◆► 算圖圖層

為了能夠調整角色的色彩，進行某些特效處理，可以將動畫作品算圖成遮罩形式的單一的圖層。簡單地說，遮罩就是帶有剪影的框架，將所有不需要經過特效處理的元素遮蔽起來，使其與需要進行特效處理的區域區別開來。

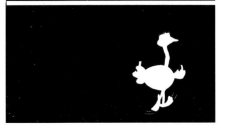

參閱：概念設計（第34頁）與舞臺設定（第62頁）

製作

燈光效果

燈光效果可以影響我們看待世界的方式，同時還能起到設定感情基調、算圖氛圍的作用。佈景師會運用不同的燈光效果來增強某種情緒或是營造畫面的戲劇感，從而烘托出場景的情感背景。

在現實世界中，光線是從太陽或臺燈等的光源處發出的，在遇到平面後出現反射，或被平面介質吸收，然後創造出帶有陰影、顏色以及強光的複雜組合，這樣就構成了我們所看到的圖像。

在數位動畫製作過程中，需要對光的原理有一定的瞭解，這樣才能通過使用燈光照明創造出想要的效果或情緒。雖然燈光效果可以在稍後的環節中進行添加，但是2D動畫作品在設計階段就要考慮到燈光效果。而使用3D動畫製作技術對角色或環境進行照明處理所產生的效果就像是在真實的電影場景中一樣。

攝影導演常使用最基本的燈光設定是三點式打光法，這種方法旨在模擬自然光，由主光、輔助光以及背光組成。

主光是光線的主要來源，通常放置在物體的上方、前方或兩側。輔助光不太集中，比較柔和，可以填補主光產生的陰影部分，經常放在主光的對面，和攝影機鏡頭基本持平的高度。如果輔助光的光線過於強烈，就會完全抵消或減弱對比效果，這樣物體看起來就會比較扁平，缺乏立體感。背光放在物體的背後，可以讓角色從背景中凸顯出來。有時候可能還需要背景光照亮背景（這是四點式打光法的第四種燈光）。

動畫製作人員只要通過基本的三點或四點式打光法就可以隨心所欲地創造出各種情緒氛圍，鏡頭想要表現那種情緒都可以。如果可以添加其他類型的照明方式，比如說聚光照明、泛光照明或、不同色彩或圖案的濾光燈（filters），就可以讓製作人員在燈光效果方面技高一籌。

除了上述的主要打光方法以外，還有很多種其他類型的特殊照明方式。這些照明方式包括聚光照明，會使用非常強烈的燈光照亮一小塊兒區域；點光源，指的是具有一定發光範圍的光，比如燈泡；而發光照明則是使用明亮但比較單調的光線照亮整個場景。

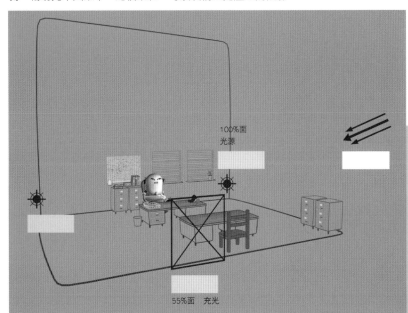

100%面
光源

55%面　充光

聚光區（Hotspots）

如果照射在某個物體上的燈光過於明亮、過於強烈或距離過近，物體上就會出現聚光區。聚光區會讓鏡頭中所有的顏色或材質看起來都是白茫茫的一片，因而毀掉整個鏡頭。但遺憾的是這一問題非常難以解決，除非是重新進行算圖處理或是重拍。

色溫

影片中使用的燈光通常強度不一，但是所有的燈光都具有一定的溫度，這可能會影響到圖像整體的色彩平衡。色溫的單位是"開爾文"，範圍是從1700開爾文到8000開爾文，前者是暖橙色燭光的色溫，而後者則是淺藍色日光的色溫。因為現在大多數動畫作品都是使用數位技術來實現色彩平衡的，所以調整鏡頭的色彩平衡相對來講是一個比較簡單的事情。

📂 作業

用諸如炭條或粉筆一樣的工具畫出一些比較簡單的基本圖形，比如立方體或球體，然後試驗三點式打光法如何影響形狀的表現。這種練習可以原封不動搬到3D動畫製作程式中，可以把自己的成果算圖出來，進行比較。覺得成竹在胸了之後，就可以設計一個室內的房間，然後對房間進行照明處理，呈現出正午時分的樣子，然後再使其呈現出暮色時的樣子。

三點式打光法

最常用的照明手段是三點式打光法，這種打光方法是大多數燈光設定的基礎。1 主光——產生的對比效果過於強烈，不符合正常情況，而且背景部分還是黑暗的；2 輔助光——用來弱化這種對比效果，用柔和的燈光照亮強烈的主光所產生的陰影區；3 背光——用柔和的燈光照亮背景部分，從而讓前景中的物體可以凸顯出來；4 主光、背光和輔助光結合在一起。

1

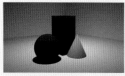
2

3

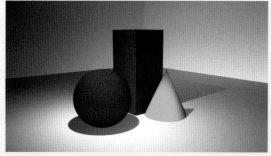
4

關於打光方法的建議

- 研究一下荷蘭繪畫大師倫勃朗（Rembrandt）的用光技巧。倫勃朗對許多攝影師或電影製作人都產生了深遠的影響。

- 從比較基礎的燈光設定入手，然後循序漸進地增加難度。簡單的打光方法通常是最行之有效的。

- 保證各個鏡頭之間的打光方式的前後一致。

- 從真人實景電影或喜劇電影中吸收經驗。戲劇的燈光處理雖然非常簡單，但是相當有效。

- 在開始放置燈光之前，一定要時不時地提醒自己到底想要創造出來什麼樣的氛圍。

▶ 三點式打光法
這幅採取了三點式打光法的鏡頭節選自《倫敦員警》一片。從右上方光源發出的強烈的方向光凸顯了角色的外形和輪廓；而比較分散的輔助光放在攝影機的附近，消除了陰影；背光是由兩處點光源構成的，模擬的是從窗戶瀉入的光線，可以讓角色從背景中凸顯出來。

▶ 最終算圖圖像
這幅鏡頭的最終算圖圖像展現了三點式打光設定產生的效果，背景中設置了紋理。

鏡頭設計

優秀的構圖可以使鏡頭引人入勝。

構圖

對鏡頭中的各個元素（包括人物、道具以及背景）進行構圖安排，要注意平衡感與和諧感，使整個鏡頭看起來具有藝術美感。糟糕的構圖不僅看起來會讓人覺得設計者只是敷衍了事，而且還會影響整部影片的順暢度。通過數位動畫軟體，設計者只要簡單地點擊幾下滑鼠就可以輕而易舉地調整鏡頭元素和鏡頭角度，所以，設計者的構圖如果十分糟糕的話，就沒有任何可以推卸責任的藉口。調整構圖時，一定要保證觀眾的注意力放在主要人物或主要物品上面，或是放在對整個故事的發展至關重要的動作上面。要想達到這樣的效果，設計者就需要花點兒心思來安排自己的鏡頭元素。

本書大部分的章節都是著眼於鏡頭設計的理論和原則，這會讓設計者大受裨益。但是即使你對所有法則都瞭若指掌，也要記住這一點，即所有的法則都是用來打破的！

線條、圖形與平衡

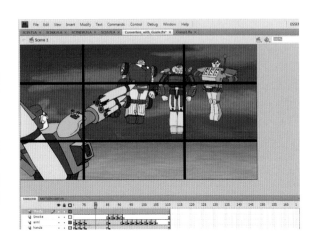

◊ 使用網格

大多數的數位動畫製作程式都有內置的視窗，這種視窗會幫助使用者進行鏡頭構圖。如果使用的程式不包含這個功能的話，可以自己按照三分律法則製作一個網格範本，然後在暫定圖層中加以使用。

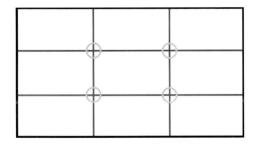

◊ 三分律法則

視覺構圖最廣為人知的一條原理就是三分法，它能有效地將一張圖像分成均勻的九份，每兩條分割線的交叉點就是"力量點"。觀眾的目光會不由自主地落在這些交叉點上，所以鏡頭中最為妙趣橫生、至關重要的元素一定要設置在這些點上，或在這些點的附近。

◊ 三分律法則的應用

注意這格圖像在構圖時是如何對三分律加以應用的。角色的眼睛恰好位於右上角力量點的下方，而角色手中的電視遙控器恰好指向左下角力量點。角色的動作是在中間水準的三個格子中呈現的，而前景就設置在底部的三個格子中，角色則佔據了右側豎直的三個格子，這就是非常經典的"L"型構圖。

作業

培養構圖能力的一個好辦法就是拍照。帶著數位相機在自己居住的城市逛上一天,盡可能多地拍一些照片。照片的主題可以是形形色色的事物,但是拍攝時要注意使用本節講到的構圖法則來設定照片的框架。把照片傳輸到電腦上,一張一張地進行瀏覽,分析每張照片的構圖特徵。

線條、圖形與平衡

如果你要應對的是運動的媒介,那麼你可以從關於鏡頭構圖的影視語言中學到很多竅門。線條是構圖的重要方面,是能將觀眾的注意力吸引到某個焦點的有效要素。線條可以以非常簡潔的形式直接展現在構圖中(比如道路),也可以通過由直線或曲線組成的樹木、人物、道具或建築表現出來。這些"想像出來的線條"是非常有用的,尤其是在觀眾會自動填充物體間空白,將自己置身其中的情況下。使用線條並不是單純地按照水準、豎直或對角線方向將畫面框架進行均勻分割。

圖形也是構圖中的重要工具,可以行之有效地將某些元素整合為一個整體。三角形就可以很好地將三個重要元素組合在一起,同時在不知不覺之間增強了這些元素的存在感。環形也可以吸引觀眾的注意力,即使觀眾在觀察環形週邊元素的時候也不會脫離框架,同時使用環形還能引導觀眾仔細觀察構圖方式。十字架本身是一種非常有力的表達方式,同時還包含豐富的象徵意義。與其他圖形不同的是,十字架應該被擱置在框架的正中心。構圖時至關重要的一點是安排所有元

▲ 吸引觀眾的注意力

這個鏡頭主要講述的對象是香蕉,所以,為了吸引觀眾的注意力,其中的一個角色在右下力量點附近把香蕉晃來晃去。運動本身就是一種非常有力的構圖技巧,如果這樣做還不夠的話,左邊人物也在看向香蕉,這樣也起到了吸引觀眾注意力的效果。

通常必須以平衡感為前提,一個缺乏平衡感的構圖會給人會非常不舒服的感覺。

螢幕縱橫比

動畫製作人員需要根據最終的傳送格式對自己的鏡頭設計進行調整。如果是在電視上放送的話,那麼可能要採取4:3或16:9的格式,而劇情片則是1:85:1的格式。新型數位格式層出不窮,在開始工作之前一定要認真檢查。在第29頁"分鏡腳本"的章節有縱橫比的範本,可以參考。

關於構圖的建議

- 構圖本身難以控制,有時候從理論上來講是根本行不通的,但是現實卻和理論相反,這其中有點兒"跟著感覺走"的意味。
- 如果你對自己的畫面設計缺乏信心的話,可以使用三分律法則的範本,看看自己的構圖是否符合這條法則。
- 構圖越簡單越好。
- 一定要讓觀眾把注意力放在和故事情節息息相關的角色或物體上。
- 務必要避免"空洞化"。構圖中空曠的區域就好比是演講時不自然的停頓一樣。

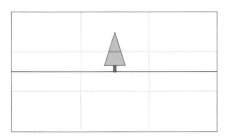

▲ 從構圖的角度來講,這種圖像了無生趣。因為中間的樹正好位於水平線上,同時將整個螢幕均勻地分成兩半。

▲ 這幅圖在上幅圖的基礎上應用了三分律法則進行了簡單調整,這樣整個構圖看起來就好了很多。

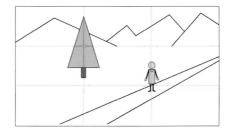

▲ 小路的線條對我們的目光有指向的作用,然後目光會自然而然地望向站在力量點上的角色。為了增強構圖的平衡感,製作人員還在左邊的平衡點上添加了一棵樹。

第三章

後期製作

一旦完成了全部製作工作，就可以直接進入後期製作環節了。這也是創作過程中非常重要的一個環節，動畫作品和音效就是在這個環節合二為一的。視覺特效、調音、合成以及剪輯都是在這個環節完成，這些工作不僅僅要求相關人員具有一定的技術水準，同時還需要具備一定的創造力和技巧性。

參閱：算圖與輸出（第110頁）及動畫作品剪輯:理論（第128頁）

動畫作品合成

動畫作品的合成就是將所有最終鏡頭結合在一起來創造奇蹟的一個環節。

合成環節對於動畫作品的創作至關重要，同時也越來越能夠凸顯出合成師的創造性。動畫合成師和電影合成師所需具備的技能完全不同。後者的職責包含很多鏡頭搶救工作，比如處理好照明效果和色彩前後不一致的問題，還包含去除鏡頭中不應該出現的元素，比如把歷史劇的電纜塔去掉等。而動畫作品很少需要處理鏡頭問題（除非是調整鏡頭色彩），所以動畫合成更傾向於一個創造的過程，合成師甚至可以從零開始，創造出整組鏡頭。

在當代動畫製作領域，合成環節的創造性作用是如此的舉足輕重，以至於一些原有的邊界已經完全模糊了，如2D動畫作品和3D動畫作品之間的邊界，以及動畫作品和真人實景電影之間的邊界。將動畫作品和實景電影之間的風格和技能進行融會貫通的方式已經數不勝數。

數位圖像是由各種顏色的小方塊組成的，這些方塊叫作"圖像元素"或"像素"，後一種說法更加簡單，同時也更廣為人知。如果一張圖像的尺寸是1920×1080（一張高清晰度的電視圖像），那麼就是說，這張圖像的像素網格的高包括1080個方塊，而長邊則包括1920個方塊。這些像素，每個都有獨立的座標和單獨的顏色，將它們拼接在一起，從遠處看就是一張流暢而又完整的圖像。

合成工作實際上就是隨心所欲地調整所有的像素，有多種程式可以完成這項任務。如果對Photoshop這類基於圖層架構的圖像修改程式非常熟悉的話，那麼完全可以把合成工作想像成同樣的過程。兩者之間惟一的不同之處在於，動畫合成處理的物件是"會動"的圖像。

一般來說，目前有兩種合成程式，一種是基於節點結構，一種是基於圖層架構。兩種程式的功能和性能大同小異，惟一不同的地方就是介面和工作流程。像Nuke這樣基於節點架構的合成器最初設計和研發的本意是用來合成複雜的視覺特效和電腦生成圖像，所有的資訊在網路結構圖上一目了然，每一條功能或效果都以方塊或標籤的形式羅列出來。而像AfterEffects這樣基於圖層架構的合成器最初是作為動態圖像程式設計的，因此所有的資訊都顯示在線形的時間軸上，同時這些程式也更注重每個鏡頭元素的時間點。

♦ 擦除設備

在停格動畫作品中，擦除設備的工作是合成軟體能夠大顯身手的地方。流程雖然非常簡單，但是通常都會花費很多時間。因為每一格出現拍攝設備的鏡頭都需要進行同樣的處理。

1.這張圖片是動畫製作人員拍攝下來的原圖，現在交給合成師進行最後的處理。

2.在這之前，一定要記得拍一格只有背景沒有設備的圖片。

3.通過使用數位摳圖工具，就可以把設備從圖片中擦除，但是會留下一個大洞。

4.將乾淨的背景圖和擦除設備後的圖合成在一起，最終的圖片中就再也找不到設備的痕跡了。

通過常擊"effects properties"（效果屬性）按鈕，可以調節效果圖的強度。

合成視窗顯示的是需要進行處理的圖像。

"effects"（資訊）面板中顯示的是相關圖像資訊的數位。

◣ 基於圖層架構的程式

這種合成軟體會按照時間軸順序把動畫作品中的元素逐個圖層地顯示出來。這種類型的程式是製作動畫作品和動態影像的最佳選擇。

圖層視窗顯示的是每一個視頻剪輯，以及所有剪輯對應的效果。

可以通過控制時間軸上的設定決定某一種效果一共要持續多少格。

合成軟體的一般用途

在動畫製作工作室中，合成軟體的日常用途包括以下幾種。

擦除設備

停格動畫需要使用吊掛設備操縱木偶，以便讓物體懸掛在空中，後期製作中每一個鏡頭中的這種設備都需要進行擦除處理。

顏色修正

經過算圖處理的圖片色彩可能非常奇怪，可能和其他工作室或機器上生成的圖片色彩不一致，在合成環節就可以解決這個問題。

混合搭配

通過使用合成軟體，可以將五花八門的動畫風格綜合在一起，然後進行適當的搭配，使其融合得天衣無縫。這樣就能創造出背景是2D，角色是電腦生成的圖像；或者背景是由電腦生成，但角色是來自於停格電影中的圖像。

環境

薄霧、濃霧、風雨或簡單的照明效果都可以在合成環節進行添加或適當調整。其他的燈光效果，例如霓虹燈招牌或水中倒影，也是可以通過使用合成軟體實現的。

動態模糊

為了表現高速運動，像素可以按照一定的方向進行模糊處理，這樣就會產生有效的動態模糊。

▼ 像素

合成程式是功能非常強大的數位包，可以一格一格地對圖片進行調整。

一張數位照片包含著幾千個圖片元素（簡稱"像素"），這些像素從遠處是無法分辨的。

對數位圖像進行放大可能會造成邊緣參差不齊，這樣像素就清晰可見了，但會降低圖片的品質。

每個像素都有一個獨一無二的"座標參考位置"和對應的顏色。如果在點陣圖中對像素進行調整，可以創造出各種各樣的效果。

參閱：視覺特效（第122頁）與動畫作品剪輯：理論（第128頁）

電腦生成圖像合成

選擇何種算圖效果取決於畫面需要的處理方式，有兩種類型的合成方式可以在3d軟體中進行運算：一種是基本合成，另外一種是多通道合成。

基本合成由三個圖層組成，分別為背景、物體和遮罩(去背層)。在對整個序列進行算圖的過程中,電腦自動產生物體的不透明通道(遮罩)，利用黑白色塊分離出圖像的準確輪廓，提供後製合成軟體可以辨識遮罩，並將白色區塊圖像留下，黑色區塊的圖像去除，產生去背效果。之後在將其他圖像結合在去背之處，達到天衣無縫的效果，如果不用遮罩的效果，當然也可以結合兩個不同的畫面，但最終的圖像看起來效果可能不佳。

比較複雜的畫面，對於通道的類型需求就會比較多，因此會經過算圖產生更多通道來進行後續合成的工作，這種多通道的合成方式，通道數量不是固定的，完全取決於畫面的複雜度與需求。動畫製作人員經常通過算圖產生一或二個燈光通道、影子通道、反射通道等等。之後合成師可以分別操控和調整這些通道進行合成工作。

如果3d動畫作品的算圖環節和畫面所需要的合成方式配合適當，那合成師就可以隨心所欲的控制圖像的最佳品質。

在動畫作品中，很多看起來很"3D"的圖像都是對2D圖像進行合成處理完成的，這可能會讓人跌破眼鏡。那些大型的風景或城市的影像，基本上都是運用2D遮罩透過電腦合成技術進行細微處理所產生的，而這都是3D技術製作出來的成果，交由合成師對這些通道進行處理，最終形成圖像，即使用心查看也分辨不出到底哪些是2D的或是3D的元素。

► 圖層與通道的算圖

在進行算圖處理時，有時候可能一次將畫面整個運算出來，另外也可能各別算出不同的圖層，這些圖層主要是將畫面中角色、背景以及道具分離開來，在專業工作室裡，最常使用的辦法就是將圖像算出不同的通道，就是將作品中所有元素分別進行算圖，最後在合成時將通道結合成不同的圖層，最後再將這些圖層整合在一起。這幅圖是從《浪漫鼠德佩羅》（The Taleof Despereaux)一片中擷取的。這麼複雜的圖像需要將許多的種不同燈光以及顏色通道合成在一起才能完成。

► **多通道算圖**
一個多通道合成是由任意數量的通道構成的，但基本上的通道包含吸收層、景深層、漫射層、影子層、亮點層、主體層。

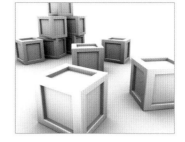

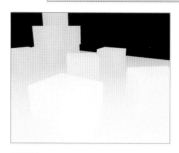

吸收層
使用這種通道效果，場景內透過白光的照射，產生沒有顏色跟材質紋理的畫面效果，只會在陰影區產生陰影而造成3D圖像效果。

景深層
景深層主要是可以算出物體到攝影機的距離參數，並將資料儲存起來，以供後續合成工作時調整使用。

粒子系統

粒子系統領域可説是日新月異，從科技水準和創新程度來看，這門學科領域可説是不斷壯大，粒子系統將電腦產生的圖像與合成環節有效地結合在一起；每個 "粒子" 都是由電腦程式中的發射器噴發所形成的，虛擬出逼真的效果例如：煙霧、火焰、頭髮、草、水甚至是群體運動等等，每個 "粒子" 都有自己的參數。正因為是電腦產生的，所以粒子系統可以完成人工無法處理的複雜、瑣碎之影像工作。你能夠繪畫出一片草地上的每一株草嗎？使用粒子系統就可以輕鬆達成，你可以在合成軟體中找到許多類型的粒子系統的功能，有些是內建在軟體中，有些則需要另外安裝外掛程式才能完成。

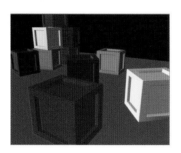

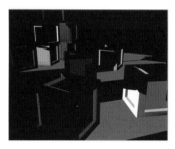

沒有影子的漫射層
沒有影子的漫射層主要是可以算出畫面物體全部顏色，包含漫射亮度和顏色貼圖，但是畫面不會產生影子。

影子層
影子層可以呈現影子落在物體上的位置，通常情況下，會取消對物體本身的元素渲染只算出影子，為了讓圖解更清楚，我們保留未去除物像與影子來檢視之間關係。

關於電腦生成圖像的建議

- 通過算圖處理生成的合成圖有時可能會帶有模糊效果，但如果這樣的話，你就很難甩掉那塊模糊的圖像。無論哪種智慧型的軟體，即使能夠處理這種模糊圖像，操作起來也是非常複雜的。所以算圖生成的圖像要儘量保證簡潔、高清。

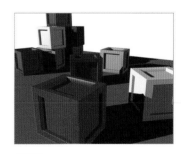

沒有陰影的亮點層
沒有陰影的亮點層只針對物體中亮點部位渲染，物體其他呈現元素將被忽略，有時候這種圖層也叫做高亮層。

主體層
主體層是一個基本且主要通道，它可以算出全彩顏色、包含漫射亮度、反射、亮點和影子。

視覺特效

動畫作品和真人實景電影之間的界限正在逐漸模糊，視覺特效也不再完全從屬於哪個領域。

雖然本書的主旨是介紹數位動畫作品，但是有些時候很難劃分出一條明確的界限，區別到底哪種是動畫，哪種是電影。現在對於動畫作品的定義越來越模糊，視覺特效逐漸開始橫跨兩種藝術形式，很難歸屬到具體的哪一類。有一種觀點認為，動畫就是對一格一格的圖像進行調整和修改。如果按照這一定義，那麼好萊塢的大部分電影都要被劃分到動畫的範疇。

我們暫且拋開動畫的定義不談，從實際操作的角度來看，視覺特效已經在電影行業佔有一席之地，而且它還在不斷發展壯大。很多動畫專業的學生都雄心勃勃地想要在特效製作領域大展拳腳。所以這些同學一定要明白怎樣使用合成軟體才能為實景電影的製作人創造出最為歎為觀止的效果，這一點對他們事業的發展是至關重要的。

"視覺特效"並不單純是指爆炸這種戲碼，雖然大多數人都想當然地這麼以為。有些時候，進行"視覺特效"處理的物件恰恰是觀眾們認為沒有任何特效的那些鏡頭，因為合成師的技藝爐火純青，所以觀眾可能壓根兒就沒看出來。

舉例來說，天氣狀況通常都是經過視覺特效處理的。不一定非得是極端的天氣狀況，在很多情況下，即使是那些普通的降雨或降雪也是合成師的傑作。但是如果導演需要的是極端的天氣狀況，如果真正在惡劣的天氣條件下進行實景拍攝，不僅難度較大、危險係數較高、成本昂貴，而且還很難捕捉到影片中所需要的天氣狀況。

人群複製是合成師經常使用的另外一項拿手絕活。如果你想要一支龐大的羅馬軍隊，你可以找來八萬名演員，讓他們穿上當時的服裝，也可以只雇用八十名演員和一名出色的合成師。合成人群場景有兩種方式：一種是選取人群中的一個部分，然後使用程式中的合成技術不斷地進行複製粘貼。或者，也可以在鏡頭的不同區域將演員拍攝下來，然後從各個鏡頭中提取演員圖像，最後放置在主要合成圖上。

佈景擴充也是非常常見的技術手段，通常用於添充佈景中的某個部分。如果你想要呈現兩個人物在埃菲爾鐵塔前方

▼ 綠光屏合成

現在的合成工具非常強大，電影和動畫製作人員可以借助這些工具將實景鏡頭和動畫效果結合在一起。對綠光屏前的演員進行拍攝後，合成師可以將演員安放在任何位置，或安插在任何情境中。背景可以是3D或2D的遮片圖像，究竟是2D還是3D是由鏡頭運動的方式所決定的。

▲ 綠光屏
演員的拍攝背景是單調的綠色。其實只要保證背景顏色在鏡頭的其他部分不會出現，將任何顏色作為背景都是可以的，但是業內通常使用的是綠色。

▲ 3D模型
撤出圖像中的綠色背景，人物被放置在3D環境中，鏡頭運動方式前後是一致的。

▲ 簡略合成
如果鏡頭位置和鏡頭運動方式沒有什麼問題的話，合成師就可以開始處理燈光效果了。如果圖像中沒有任何陰影或燈光效果的話，整個合成圖看起來便不夠真實。

▲ 最終合成圖
調整了陰影以及燈光效果之後，真人實景就和3D的背景配得天衣無縫了。在觀眾看來，這幅圖像就像"真的"一樣，而不是合成處理過的。

▶ 數位佈景擴充

可能在你的心目中有一個理想的拍攝場所，但是位置卻不合適。很多電影都是通過數位藝術家或合成師創造佈景擴充效果來解決這個問題的。這樣，畫面中有些部分是真實的，有些部分則是虛擬的。這幅合成圖中的霧氣就是合成師後添加的。

的屋頂上打鬥的場面，不需要前往巴黎去尋找這樣一個屋頂——可能這樣的地點根本就不存在。你可以在當地的任何一個屋頂進行拍攝，再把片段拿到工作室去。工作室的工作人員會以遮片的形式創建出巴黎的城市建築輪廓，然後再用電腦生成附近的一些建築圖像，併合成為最終鏡頭。在片段中也可以採取某些鏡頭運動方法，電腦圖像生成師和合成師會實現這種效果的。在將真人實景與電腦生成圖像融為一體的時候，保證燈光效果和色彩前後一致是至關重要的一點。

綠光屏合成這種處理方法越來越受到電影製作人的青睞。數位合成技術效果越來越真實，所以現在完全可以在綠光屏工作室裡完成影片所有的拍攝工作，然後再使用數位技術在演員周圍添加背景。無論背景是墨西哥城、剛果叢林還是月球，這種操作方式都是完全可行的。有一些應用特效比較多的電影，例如《波恩的最後通牒》（TheBourneUltimatum），會在DVD版本中收錄這些特效的製作方法。

首先，合成師需要從鏡頭中去掉天空以及任何現代建築的部分。左邊的牆已經進行了延伸處理，並重新上了色。

接著，對顏色進行調整，呈現出夜幕下的景色。添加窗戶，並在窗戶上畫出燈光。

製作人員用草地代替了沙礫，完成了進一步的佈景擴充，同時還畫出了一條通向房屋的車道。

製作人員添加了帶有戲劇感染力的天空和月亮，並對燈光效果進行了相應的調整。同時還在背景和前景中添加了一些樹木和細節元素，讓整個鏡頭顯得更加完整。

◀ 多重圖層

為了讓鏡頭產生立體效果，合成師經常將自己的作品劃分為不同的圖層（也就是所謂的"2.5D"），這樣所有的鏡頭運動方式都會達到3D的效果。

聲音製作

如果沒有聲音的話，動畫這種藝術形式就會變得死氣沉沉，因為動畫作品沒有預設原音（這點和錄影鏡頭不同），所有聲音都要經歷一個從無到有的過程。

在"觀看"動畫作品的時候，耳朵也沒有閒著。也就是說，在看動畫的過程中，有一半的精力是放在聲音上面。有些業餘動畫製作人員會忽略或輕視聲音的重要性，這是他們最容易犯的一個錯誤。

音軌是由三個關鍵因素構成的，分別是對話、音效以及音樂。通常情況下，對話是在製作初期就錄製剪輯完畢的。

音樂在動畫作品中是烘托情緒的重要手段，通常是為了凸顯作品中的單個鏡頭或整個故事情節所要傳達的情感。理想狀態下，可以最後為動畫作品製作原創音樂，這樣不僅可以避免昂貴的版稅，而且還可以讓自己的動畫音樂別具一格。當然，製作人員也可以使用唱片音樂。但是除了要應對版稅昂貴的問題之外，音樂還和個人情感息息相關，人們會把一些耳熟能詳的曲調和自己親身經歷的情感事件結合起來，這樣就可能忽略掉動畫作品想要表達的情感。或者，也可以使用音樂收藏庫，使用這些收藏庫提供的音樂只需要繳納一定的費用即可，不需要交付版稅。

聲音設計

聲音設計是將除已經譜好的音樂和錄好的對話之外的所有聲音進行創造性的組合。在動畫製作過程中，最好儘早著手聲音設計這個環節，錄下能夠烘托氛圍或是能夠用作　事手段的背景音或人聲。臨時音軌只是將與動畫作品相關的聲音進行簡單的集合，錄音方法通常比較粗糙，音效是從CD中截取或從網上下載的。臨時音軌絕對不能作為最終合音檔出現，但它有助於建立聲音設計的雛形。

Foley

這個環節是錄製用於某些動作音效的聲音，是以早期電影音效先驅傑克·佛利（JackFoley）的名字來命名的。因為動畫作品經常涉及到虛構的角色、地點或物件，這些元素的聲音我們根本就不知道，比如恐龍的聲音。所以音效表演者(Foley Artist)通常用日常生活中能夠找到的東西來創造這些聲音。

◖ 進行一切嘗試
如果採取創新的方式讓圖像和聲音結合起來，人們對於聲音的認同可能就會變成另一種方式，最後的效果可能也會讓你大吃一驚。這個已經壓皺了的破箱子發出的聲音對於表現一隻氣喘吁吁的龍來說，是再合適不過了。

➤ 軟體
聲音也可以數位檔的形式呈現，通過ProTools這樣的程式就可以進行創建和混音。這些功能非常複雜，如果想要完全掌握要花費好長一段時間。但是一旦學會之後，就可以用來創作音樂以及多樣的音軌了。

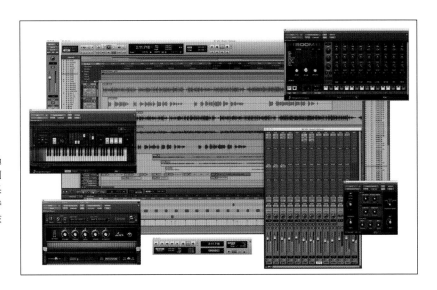

作業

聲音是能 讓我們在腦海中構建圖像的強大媒介，所以製作一個兩分鐘的動畫片段，既不要使用對話，也不要添加音樂。音景可以使用自己整理完成的，也可以是網上找到的。但是在這個過程中，一定要注意細節，比如地點（城市還是鄉村）、時間（夜晚還是白天）以及整體氛圍。看看是否能在聽眾腦海中構建出具體的圖像。

鋪軌

雖然聲音設計可以早早開始，但是音軌的實際編寫工作是在整部動畫作品已經全部結束，手中已經有一個大致的剪輯之後才開始的。聲音設計師需要從故事情節中尋找線索，要保證每一格都能對應得上，所以在圖像時間已經完全確定下來之前，聲音是不可能編排正確的。接下來，可以把聲音鋪設在軌道上，與對應的位置結合起來，讓動畫作品和聲音實現同步，這個環節就叫作"鋪軌"。

→ 音效表演者(Foley artist)

這張照片展示的是一位正在工作室裡工作的音效表演者，他正在為某個動畫作品進行音效製作。對於原聲音軌來說，出色的音效錄音是非常關鍵的元素。原聲音軌裡的每種聲音都是原創的，獨一無二的。注意要挑選有趣的東西來創造出不同的聲音。

♦ 鋪軌工作

聲音設計師會將音軌的三種元素（對話、音效以及音樂）結合起來，創造動畫作品的音景。在使用聲音處理程式進行鋪軌工作的過程中，聲音設計師一定要保證所有的聲音都要與作品畫面同步，這些畫面之前就已經完全編輯好了，時間也已經鎖定。

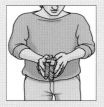

在麥克風前面敲擊兩塊竹板，以此來模仿小鳥飛走的聲音。

把木棍插入水中，然後來回攪動，可以模仿划船的聲音。

兩塊木板中間夾著一張砂紙來回摩擦，模仿蒸汽機工作的聲音。

♦ 音效

為了創造出妙趣橫生而又行之有效的音效，要充分發揮自己的想像力，天馬行空，不要過於照本宣科。需要不斷地進行試驗，檢驗最終效果。

關於聲音製作的建議

- 不要使用從網站上下載的免費音效。這些音效通常都是經過高度壓縮的檔，在高級的聲音設備上播放會有雜音。
- 一定要充分發揮自己的創造力，在進行聲音處理的時候不要過於束手束腳。
- 儘量使用品質好的麥克風和錄音軟體。聲音效果太差會讓整部動畫作品毀於一旦。

音效後期製作

將所有的聲音元素集合在一起，讓聲音最終與畫面結合起來，是動畫製作過程中最終的幾項任務之一。和圖像一樣，聲音在進行混合並且配置到完整的動畫作品之前也需要進行剪輯。

配音人員正在給完成的動畫作品進行配音——後期同步對話錄音或自動聲音置換（ADR）。

錄音師在對最終混音檔作最後的幾處處理。

● 使用語音工作室
不要因為品質不好的音軌而毀掉自己的整部作品。你需要最優秀的專業技術人員和最好的設備。專業的製作過程會使用專業的錄音室進行最後的混音和複製工作，因為在聲音剪輯環節需要應用專業知識，使用特殊設備。如多倫多的超音速製作公司這樣的工作室就專門從事動畫作品聲音設計的工作，並且配備有專業的資深聲音設計團隊。

聲音剪輯

動畫製作過程中的第一次聲音剪輯實際上是在圖像製作開始之前進行的，包括消除雜音和錄音剪輯的工作。在語音剪輯的過程中，要清除所有試錄的聲音以及可能分散觀眾注意力的停頓和噪音，同時要保證聲音的節奏儘量自然。這些剪輯檔就是動畫製作人員將來用於動畫作品中的音效檔案。

聲音剪輯需要在整部動畫作品完成之後進行，因為需要非常精準地將對話、音樂以及音效同圖像進行同步處理。在這個環節中，你不需要再擔心混音效果問題，只要專心致志地在聲音剪輯程式中把聲音放在軌道上就可以了。為了將來減少麻煩，聲音、音效以及對話應該設置在不同的軌道上。

有時候會出現這樣的狀況，因為技術原因或創作原因，一段對話存在嚴重問題。這時就需要將配音人員重新請來，對這些部分的對話進行後期同步處理。也就是按照已經完成的動畫作品對他們的臺詞進行重新錄音（參見左上圖）。

混音

聲音就是在這個環節開始集合在一起的，聲音設計師想要呈現出來的聲音效果也是在這個環節才開始慢慢成型的。進行混音的目的是保證沒有任何聲音會"喧賓奪主"。對話在作品中是最重要的，因為動畫作品肯定不想要低沉壓抑的聲音。混音環節還要添加音樂和音效，但是聲音不能過大。有時候，語音可能要進行一些特效處理。比如，一個角色在空曠的地方講話時，就需要添加回聲或迴響的效果。如果動作穿越了整個螢幕的話，可能還需要使用身歷聲效果，有時候還需要突出畫外音的效果。

▸ 音質

在專業工作室裡，數位混音儀錶板會控制聲音信號的輸出效果，從而製作出高品質的母帶，然後再複製到畫面檔中。

事實

第一部完全靠後期聲音同步製作的動畫片是迪士尼公司1928年出品的《汽船威利號》(Steamboat Willie)。

複製與混合混音

看著圖像聽幾遍最後的混音檔，確保沒有再需要調整的地方了。接下來就可以從事最終複製的工作。複製就是將聲音和圖像結合起來，形成數位格式的檔，然後就可以放映或發行了。整部動畫作品大功告成的時候應該有混合混音的音軌，但是母帶副本必須將三種音軌元素放在不同的聲道上：如果作品被翻譯成另一種語言版本，就可以直接替換對話聲道；如果將來出現版權糾紛問題，直接對音樂聲道進行置換就可以了。

關於聲音後期製作的建議

- 錄音室的揚聲器可能是最高級的，但是在檢查自己最終混音檔的時候，最好使用價格最便宜的揚聲器，因為有些人觀看作品的時候可以只有這個條件。如果發現有任何聲音不清楚的地方，一定要及時糾正。
- 動畫作品中一定不要出現鴉雀無聲的地方。即使是為了表現寂靜或沉默的時候，也一定要使用一些背景音。
- 不要讓音軌過於吵雜。
- 讓各種聲音之間有一定的重疊。在某種聲音真正大顯身手的前一個鏡頭就開始使用這種聲音。
- 不要在未經版權所有者同意的情況下就使用某段音樂。

▮ 音樂

創作自己的原聲音樂是最好的選擇，網上也有很多音樂收藏庫會出售免版稅的音樂，可以用於動畫製作。除非得到了音樂出品人的許可，否則千萬不要使用唱片中的音樂。

▸ 檢查音效

在最好的揚聲器上測試最終音效檔案的同時，切記，觀眾可能會在舊式電腦或電視機上觀看你的作品。所以一定要檢查自己的作品使用所有揚聲器放映時，聲音是否都是清楚的。

參閱：分鏡腳本（第24頁）與聲音製作（第124頁）

動畫作品剪輯：理論

動畫作品的速度、節奏、結構以及流暢程度都是剪輯環節所要專注的內容。如果剪輯完成得比較失敗，那麼一部動畫作品就不算完結。

剪輯是一種對創造力要求很高的專業技能，剪輯可以成就一部動畫作品，也可以讓一部動畫作品毀於一旦。剪輯環節涉及到的工作不僅僅是消除所有的錯誤，而且還包括創造性地讓整個故事情節融為一體，成為一部一氣呵成、流暢優美，同時具有一定力量感的動畫作品。

剪輯工作實際上是從動畫樣片著手的，通過架構以及反復地重新架構，作品的雛形就會漸漸顯現出來。一旦整個動畫圖像全部完成，編輯就會流覽所有的鏡頭，通常情況下還要對部分片段進行重新架構，刪除某些鏡頭，然後添加一些替代鏡頭，直到動畫作品的力度以及流暢程度達到了最佳狀態。

為了勝任動畫作品的剪輯工作，編輯必須在視覺表現方面目光獨到，而且還要具有能用視覺作品講述故事的能力。剪輯工作就是對所有圖像進行重置，在重置過程中一定要考慮每個鏡頭的含義會受下面哪些鏡頭的影響。

▼ 流暢程度

剪輯出色的動畫作品片段一定要一目了然，目光關注的位置必須前後一致，所有的鏡頭類型不能一成不變。剪輯人員應該保證動畫作品中情節展開的速度、流暢程度以及時間掌控情況都和真實生活中一致。

▼ 如何通過剪輯環節改變作品敘述方式

觀眾會按照動畫作品安排鏡頭次序的方式來欣賞作品中的故事。有時候，只要通過簡單的重新架構，就可以完全顛覆原有故事情節。這六幅圖像如果排列次序發生變化的話，故事情節就會變得截然不同。

在這個圖像序列中，故事情節看起來是這樣的：兩個鬼鬼祟祟的人相約在一個杳無人煙的地方想要敲定一樁買賣，其中一個人物是職業殺手。最後一格圖像表現的是墳墓，看來那樁骯髒的交易已經實現了。

這個圖像序列圖像並沒有發生變化，但是改變了圖像排列的順序，這樣展現的故事就沒有那麼居心叵測了。第一幅圖中表現的是墓碑和教堂，然後，男人給女人打了個電話，約她出來見面。可能只是剛剛對教堂和墓碑進行了修繕工作，現在來拿些報酬。

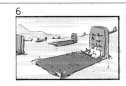

這個圖像序列又對圖像進行了重新排列，這樣另外一個故事便躍然紙上了。這次，這個故事讀起來好像是男人接到了女人的電話，約他晚上到教堂來，見面的目的可能僅僅是為了安慰女人的喪親之痛。

關於剪輯的建議

- 如果要親自對作品剪輯，最好徵求一下專業編輯的意見。外人在看待作品時不會像製作人員一樣敝帚自珍。他們可能會建議你刪掉花了三個星期才完成的片段。如果這對於整部作品是個明智的選擇，一定要接受他們的建議。
- 對於不合適的鏡頭馬上刪掉。
- 不要害怕改變整部作品的架構，總能找到更好的方式來　述作品中的故事。
- 在基本技法用得熟練之前，不要試圖嘗試當下流行的技法。如果這樣，作品最終很可能只會滿足自己的虛榮心，別人卻看得一頭霧水。
- 不要讓故事情節過於緊湊，要讓鏡頭有足夠的空間可以自由呼吸。有些時候，停頓反而會產生更好的效果。
- 不要濫用過渡效果，太多的過渡效果會讓人看得心煩意亂。使用任何編輯軟體中的過渡效果時，都一定要有合理的理由。否則，作品看起來會不專業，而且過於虛張聲勢。

言外之意

將一個抱著嬰兒的消防隊員的照片放在一個掩面而泣的女子照片的後面就會對我們理解圖片的方式產生一定的影響，而且圖片看起來似乎在講述一個故事。

圖像並置

通過圖像並置來凸顯故事情節是編輯技能的一部分。鬥牛和兩個尖叫的男人之間沒有任何聯繫，但是卻可以增強場面的氣勢和效果。

剪輯工作的關鍵點

在動畫作品剪輯的環節，構建場景的時候一定要注意一些關鍵點。

情感

如果觀眾對於作品中的角色漠不關心，那麼他們也不會關注這部作品。使用視覺敘事的技巧將場景中的情緒烘托得更加強烈。

故事情節

作品中的每個場景都必須是合理的，要能推動故事情節向前發展。如果某個場景沒有揭示任何事情，解決任何問題，也沒有為故事發展設置任何障礙的話，那麼這個場景一定要刪除。

節奏

剪輯工作就像是超級明星DJ的工作一樣，你要帶領觀眾踏上一次妙不可言的旅程，在衝突迭起、戲劇張力突出的部分要加快速度，在情感比較細膩溫柔的部分要慢慢減速。如果剪輯作品的節奏過於生硬，過慢或過快，對於整部作品來說就會是個敗筆。

連續性

如果作品不順暢，沒有任何道理可言，觀眾就會馬上換台。所以一定要保證每一個片段都非常合理。

聲音

不要忘記為聲音保留一定的空間，來傳遞情感。聲音在剪輯環節是非常強大的工具。

過渡效果

不要從一個鏡頭生硬地進展到下一個鏡頭，應該使用過渡效果。過渡效果有很多種，比如從一個鏡頭疊化到下一個鏡頭，從一種顏色褪變為另一種顏色，或類似擋風玻璃上雨刷的效果、翻書的效果等。在使用過渡效果時一定要小心，因為過渡效果往往和故事情節相關。如疊化的效果代表的是過了一小段時間之後，比如"那天晚些時候"；而褪變暗示的時間間隔則比較長，像"第二天"；波紋式的疊化效果代表的則是夢境。

動畫作品剪輯：實踐

剪輯這個環節不僅要求動畫製作人員的技術水準，而且還需要製作人員充分發揮自己的創造力。

使用數位技術完成剪輯工作，速度更快，難度更小。現在市面上有很多可供專業動畫製作人員和業餘動畫製作人員選用的剪輯套裝軟體。前面兩頁中主要講述的是一些關於剪輯的理論知識，而本小節關注的則是剪輯流程。

動畫樣片

動畫樣片實際上是在時間軸上顯示的分鏡腳本，用來確定時間控制以及場景結構的最終方案。但是，對於剪輯工作來講，動畫樣片的意義遠不止於此。動畫樣片才是真正可以對作品結構進行試驗的階段，在開始具體的動畫製作過程之前，作品的結構一定要準確無誤。可以使用Final Cut、Premiere或Movie Maker的剪輯程式來製作動畫樣片，還有許多套裝程式是專門為剪輯工作設計的，如ToonBoom和StoryboardPro等。

粗剪帶（Rough cut）

動畫作品完成所有制作環節之後，編輯可以在動畫樣片中加入一些完成的鏡頭，組成粗剪帶。粗剪帶是電影逐漸成型的過程中對於所有相關材料的簡單組合，包括動畫圖像和聲音（這個階段的聲音可能並不完整，編輯可以使用手頭上現有的任何聲音材料暫時替代一下），剪輯環節就是將作品的各個部分組合到一起。一旦所有的動畫圖像工作都已經完成，剪輯工作就可以進展到下一個步驟，編輯就可以開始探討到底應該採取什麼樣的方式來改善作品的結構和流暢度。這項任務可能會涉及到創建許多不同的粗剪帶，直到最終剪輯檔大功告成。

最終剪輯檔（Final cut)

最終剪輯檔是所有人，包括製片人和導演都非常滿意的剪輯版本。一旦簽字確認之後，圖像就鎖定了。圖像鎖定的意思就是不能再對最終剪輯檔進行任何修改。接著，剪輯檔就會遞送到聲音設計師和音樂工作者的手上，他們負責創作和同步各種能為圖像添光增彩的專業效果。

時鐘、彩條以及聲調

通常情況下，專業的製作流程會涉及到離線剪輯和線上剪輯兩種剪輯方式。前者是在製作進行的過程中，編輯需要完成的日常工作，而後者則是一個對技術含量有一定要求的工作，需要在專業的後期製作工作室進行。這種工作室通過使用製作過程中用到的所有元素以及這些元素的編輯點清單（EDL），將所有的最終圖像融為一體。除了需要對鏡頭進行技術檢測之外，線上編輯還需要在作品的開頭添加色條和聲調，這樣才能在最終的觀片設備上校準顏色和音頻電平。此外，時鐘也是必不可少的元件，它不僅可以在作品開頭時

❙ 價格公道的軟體程式

動畫作品剪輯不需要使用價格昂貴的剪輯軟體，即使使用像Windows的MovieMaker和Mac的iMovie這樣免費的程式也可以產生很好的剪輯效果。這些程式甚至可以提供一些過渡效果、特效以及標題。MovieMaker的佈局和Premiere或FinalCut Pro這樣的程式大同小異。

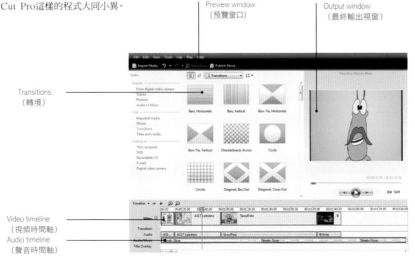

Preview window
（預覽窗口）

Output window
（最終輸出視窗）

Transitions
（轉境）

Video timeline
（視頻時間軸）

Audio timeline
（聲音時間軸）

Preview window
（預覽）

Finaloutput window
（最終輸出視窗）

Clips
（作品片段）

Video timeline
（視頻時間軸）

Audio timeline
（聲音時間軸）

Sound Level
（聲音電平）

Toolbox
（工具箱）

♦ 臨時音軌（SCRATCH TRACKS）

剪輯程式可以對圖像以及聲音進行調整。雖然這些程式不是專門用來最終合成音效的，但是對於進行簡單的鋪軌工作和製作臨時音軌是相當不錯的選擇。

倒數進入影片的時間，而且還可以標明製作成品的資訊，包括時間、製作序號、名稱以及製作過程中主要成員的名字。

編解碼器（CODECs）

在導出作品成片的時候，應該按照不同的格式導出多個版本。母帶版本一定要以TIFF圖像序列的形式進行備份。但如果是為了線上傳播，就需要檔較小、畫面品質較低的版本。為了完成這項工作，需要使用編解碼器軟體，這種軟體可以將作品壓縮成一定大小的檔，能夠輕鬆上傳到網上。

♦ 專業軟體

大多數剪輯程式的介面都是大同小異的。一般情況下，介面上包括一個用於保存作品不同剪輯檔的區域，一個可以用於檢查剪輯檔的最終導出視窗，一個用於鏡頭修整和聲音調節的時間軸，以及一個用於圖像調整的工具箱。圖中的截圖是從Adobe Premiere CS4中選取的。

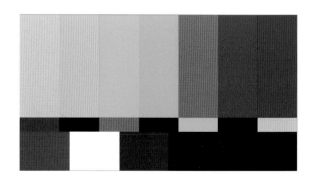

♦ 色條

為了在最終觀片設備上進行校準工作，你需要在作品的開頭添加30秒的色條。這樣做可以保證作品放映時的品質達到最佳水準。

關於剪輯的建議

- 剪輯樣片時千萬不能投機取巧。如果這個環節達不到預期效果，以後的環節想要實現目標就很困難了。
- 盡可能多地做粗剪帶，探索使用各種結構和設備產生的效果。如果使用數位技術剪輯，進行這種試驗不僅能在短時間內完成，而且還很簡單。
- 使用較普及的編解碼器，因為觀眾的機器上必須配備相同的編解碼器才能觀看影片。你擁有最新的技術成果，不代表其他人也在享有這項成果。

MIRAGE

MENU:
about
characters
download
credits
contact

WATCH MOVIE:
original: **HD720**
medium: **720X405**
small: 480X270

RENDER 3DS PRESENT FILM/SHORT "MIRAGE" MADE BY: JAKUB BOŚ, ARTUR MARCOL, KRZYSZTOF KROK.
VOICE: GIORGIO: ARTUR MARCOL REGINA: GAIL THEOBALD, DOG: BEN DENNET, FAKHIR: JAMES COLES, AQIL: ANDY WYATT
SPECIAL THANKS TO: ANDY WYATT & MARCIN KLUSEK

專業操作

全球動畫產業作品種類五花八門，涉及到的資產總額高達幾十億美元。為了能躋身動畫行業，一定要學會推銷自己和自己的作品。這項任務可能會讓人望而卻步，但如果你進行了充分的研究工作，能夠完美地展現自己，你很快就會建立自己的人脈。

參閱：推銷自己（第136頁）

第四章
專業操作

宣傳工作

大型工作室會在宣傳影片時一擲千金，即使預算有限，必要的宣傳工作也是不可或缺的。

➡ 宣傳照片
這些宣傳照片不僅包含最終圖像，而且還有影片的名稱和標誌，以及網址。任何對影片感興趣的人都可以通過單擊連結的方式來瞭解更多相關資訊。

宣傳照片

為了宣傳電影，你需要將 些高解析度的靜態圖片提供寄送給平面媒體，而且圖片品質至少是300dpi。從電影中抓拍的圖像品質肯定達不到要求，就算是畫質最好的圖像可能也只是1080×720像素，也就是說，為了不影響品質，列印出來最大尺寸也就是3.6英寸（9釐米）寬。所以在對電影進行算圖處理的同時就應該要求合成師選擇一些清晰度較高的圖像。在挑選宣傳照片的時候，一定要挑選那些視覺衝擊力比較強的。此外，還可以製作一些專門用於宣傳的圖片。千萬不要忘記製作一些肖像大小的照片，因為這樣的照片比較適合雜誌宣傳。

製作副本

讓人慶幸的是現在通過電子手段來宣傳電影是一件非常容易的事情。大多數的動畫節和網路放送商都可以接受電影的數位版本。可以將影片上傳到FTP伺服器，或提供大型檔傳輸的網站。千萬不要將自己的影片以電子郵件的形式發送給其他人，因為這樣會塞滿他的信箱，這完全是不討人喜歡的行為。如果想要把電影發給某人的話，先將影片上傳到某個特殊的網站，比如部落格之類，然後用電子郵件將連結發送給對方。有些人更傾向於DVD，所以可以製作一些專業技術含量較高的DVD，再配上一張宣傳海報。第一印象確實是非常重要的。

使用數位技術進行作品傳播

在網上傳播作品主要有兩點原因：一是為了積累一定的聲望，可以建立一個線上放映區或是影迷基地，這種方式會讓潛在的投資者對你的作品產生興趣；另外一個原因是創造直接的財務收入。如電話公司或網路放映商這樣的媒體運營商可能會為你的作品付費。一定要注意的是，你免費上傳作品的網站越多，看到的觀眾就越多，這對你來說是件好事。但同時，這樣做也會降低作品的價值，而且網路頻道可能不會願意購買沒有特許放映權的作品。制定一個傳播自己作品的策略，包括是否只上傳短小的剪輯檔或一些片段來吸引觀眾的注意。

宣傳與市場行銷

大部分的動畫電影10%到50%的預算都用在市場行銷方面。當考慮到"生產"一個一般的動畫電影要花費一億美元以上時，則用於市場行銷的資金是相當高的。電影行銷人員會鋪天蓋地地在看板、報紙或雜誌上張貼宣傳資訊，安排明星參加電視或廣播訪問活動，或在電視、廣播以及網路上打廣告；還可以製作宣傳片，然後和知名品牌的產品或連鎖餐廳進行合作。

如果製作的是獨立動畫作品，則可能就沒有幾百萬美元的資金可以用於宣傳活動，但是即使預算有限，宣傳活動也是可以進行的。設計一個充滿活力的網站，發送關於自己以及影片作品的資訊，還可以安插動畫作品中的圖像或者剪輯片段。將影片資訊發送給所有的雜誌、報紙以及網路刊物，不要侷限於動畫出版物。如果你的影片是關於魚的，也可以將相關資訊發送到與釣魚和海洋生物相關的雜誌中。在進行行銷以及宣傳工作的過程中一定要充分發揮自己的創造力。俗話說"世上沒有失敗的宣傳！"

動畫節

現在有很多舉足輕重、聲名遠播的動畫節，這些動畫節專門為了展示當代動畫作品，並且會吸引很多正在尋覓"大作"的總裁或投資人。有些動畫節非常搶手，為獲獎者提供可觀的獎金。參加動畫節也是在動畫產業建立人脈、結交夥伴的最佳方式。

🜄 **動畫節**

渥太華國際動畫節是世界規模最大、久負盛名的動畫節。每屆動畫節都會為最佳動畫作品頒獎。在141頁的"資源"部分收集了很多關於動畫節的資訊。

◄ **數位傳播**

現在網路頻道專攻動畫的越來越多，有些網站甚至會為放映內容付費。有些網站提供了一個良好的平臺，世界各地的觀眾都可以看到你的動畫作品。同時，一些網站還會對投票總數最高的動畫作品發放現金獎勵。

參閱：宣傳工作（第134頁）

推銷自己

你可能才華橫溢，但是如果人們沒有發現這一點的話，他們就無從瞭解你的才華。進行廣告推銷的機會實在是太少了，所以能否引人矚目完全是由自己決定的。

名片

你的"兵器庫"裡的第一件武器就是你的名片。不要過於招搖，名片只要正常尺寸，風格簡單，同時包括你的名字、職業、網站和詳細的聯繫方式就可以了。你會發現在與人見面的時候，名片是非常有用的。它不僅會使你給人感覺非常職業，而且對方也可以保留你的詳細資訊。

簡歷

及時更新的簡歷在"武器"清單中排在第二位。簡歷中一定要涵蓋自己所有的技能，不要忘了包含自己的個人興趣以及取得的成績。比如，組織隊員成功問鼎珠穆朗瑪峰，這看似與動畫製作毫無關聯，但是這件事可以展現你的耐力以及團隊組織能力，這兩種素質都是從事動畫製作工作所必需的。書寫簡歷的時候一定要從最近掌握的主要技能開始，但切忌說謊。動畫行業這個圈子實在是太小了，所有謊言最後都會原形畢露。

專業刊物

在找工作的時候，一定要留意專業刊物，看看目前正在製作什麼作品，作品的製作人是誰。熟悉自己的領域，並且參加當地的聯誼活動。如果你剛剛畢業，或是剛剛踏入這個領域，一定不要好高騖遠。可以從助手做起。如果你能夠證明自己不僅平易近人，而且辦事牢靠，那麼很快就會得到晉升的機會。

作品集

擁有一套製作精巧的作品集是非常重要的，而且現在電子版本的作品集也必不可少的。製作人員可以對電子作品集按時進行更新，而且現在似乎所有的資料都已經數位化了。你的作品集中應該包括動畫作品的一切細節資訊。

關於推銷自己的建議

- 製作一個設計精美、條理清晰的網站，不僅導航系統要運轉出色，而且還要包含詳細的聯絡資訊。
- 一定要凸顯自己的優勢，或專業水準。
- 進行一定的研究工作，確認到底應該和這個公司中的哪個人進行溝通。
- 一定要表現得像個專業人士。檢查自己的通訊方式是不是有拼寫錯誤，同時確保所有遞送的數位檔可以在任意設備上播放。
- 只把那些引以為豪的作品收錄在作品集裡。
- 學會建立人脈。
- 一定要鍥而不捨（但也不要做得太過火），不要因為幾封拒絕信而灰心喪氣。
- 不要一直纏著可能會雇用你的人，不要表現得過於絕望（或是詭異），學會接受拒絕這種答覆。
- 永遠不要說"不"！

♥ 網站

建立一個合適的網站推廣自己的作品，並且可以截取和下載。這是一個很好的平臺，去展示你的水準、動畫的資訊以及創作團隊。

♥ DVD

第一印象至關重要。所以如果想要給某人遞送一份自己作品的DVD，一定要為光碟設計一個看起來非常專業的封面和符號。在遞送DVD之前，一定要檢查拼寫，同時查看DVD是否運轉正常。

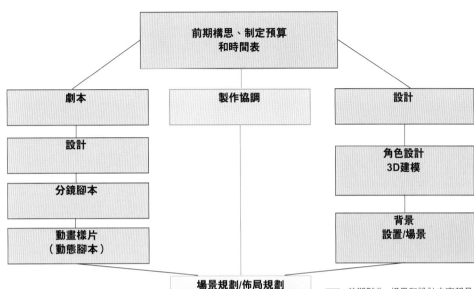

► 流程圖
數位動畫製作工作室會雇用在動畫製作的某個領域具有專業技能的人才。圖中呈現的"流程圖"展現的就是工作室的基本通用工作流程，體現了製作流程需要工作人員扮演什麼樣的角色。

前期製作：構思和設計方案都是在這個環節生成的，從事前期製作工作的人員是非常具有創造力的"點子"達人。包括繪畫水準和設計技巧高超的視覺表現師，還有作家、分鏡腳本製作師以及建模師。

突顯自己的專業

舉例來講，如果你是角色設計師，為了展現自己的技能，不僅要展示自己的最終設計方案，還有包括概念素描、寫實素描以及觀察研究。作品集也是非常重要的一個方面。作品集通常是短小卻引人入勝的片段，配有扣人心弦的音樂，展現的是自己最好的作品。作品可能包括你製作的一系列模型、動畫效果試驗、合成環節或已經完全製作完成的剪輯片段，或其他能夠展現自己最高水準的作品。在這段短片之後，你還可以選擇幾個長一點兒的剪輯檔。最好是能將所有的材料都刻錄到DVD上，並為每一段剪輯設置一個章節名。

製作協調：製片人是整個製作環節的大老闆。根據作品的規模，製片人可能還需要一些協調人員的協助，這些協調人員的職責是監督流程圖中每個部分的進展情況都和目標一致。導演要與製片人密切合作。

角色與工作

本書著重介紹了動畫製作的具體流程，如果對某一具體環節或某些階段比較瞭解的人，完全可以在這一領域找到工作。大型的工作室可能比較願意雇用有一技之長的人，而小型的工作室通常則比較傾向技能比較全面的人。

中期製作：將所有的設計方案和理念轉為現實是製作團隊的工作職責。製作小組包括一些非常強調創造力的工作，比如場景規劃師、動畫製作人員、燈光師、合成師等。除此之外，這個團隊還包含著許多專門的技術人員，比如程式師或技術指導。技術指導會研究出製作某種視覺特效的最佳方案，或者開發出某些特殊的算圖方法。

後期製作：將所有的圖像和聲音集合起來是在"後期製作"這個環節。編輯以及聲音設計師需要和導演並肩作戰，才能完成整部電影作品。之後，電影才能開始進行行銷以及傳播工作。

辭彙表

動態腳本（Animatic）：按照分鏡腳本使用電腦技術或膠片錄製的動畫作品，與最終動畫片的長度一樣。

日本動畫（Anime）：日本風格的動畫作品，也可以稱之為漫畫，主要特徵是人物的眼睛都是圓溜溜的，而且大得有些誇張。

反鋸齒（Antialiasing）：對像素進行重複取樣，從而讓參差不齊的邊緣看起來柔和平滑的過程。

背景師（Background artist）：為動畫作品繪製背景景物的人員。

批次處理（Batchprocess）：利用電腦對大量檔進行重複性的處理工作，比如將所有圖像縮小到同樣的大小

點陣圖（Bitmap）：在網格中由點或像素所組成的文字或平面圖像。這些像素共同組成了圖像。

概略畫出（Block out）：用於3D動畫製作的初期，目的是隨著鏡頭的移動，將角色、道具以及背景放置在恰當的位置上。

藍幕（Bluescreen）：背景都是藍色或綠色，通過合成軟體可以移除任意部分，然後用另一張圖像代替。這個合成過程也叫作"色度鍵控合成"。

骨骼（Bones）：動畫製作軟體中的線框，將所有物體連接起來，製作成骨架。接著，將骨架和角色模型進行合成。這項工作完成之後，角色模型就變成了皮膚。

寬頻（Broadband）：網際網路快速連接方式。家用電腦用戶通常是使用數位用戶線（DSL）或電纜。

攝像機支架（Camerastand）：用來放置拍攝靜物或視頻的攝像機的支架。可以是三腳架、翻拍架或更為複雜的專業器材。

CD,CD-R,CD-RW：光碟、可寫光碟、可讀寫光碟。

賽璐珞（Cel）：透明的醋酸纖維紙，用來描繪一格一格的動畫圖像。賽璐珞是透明的，所以可以蓋在其他賽璐珞或已經完成的背景上，然後拍照。

電腦生成圖像（CGI）：電腦生成的動畫圖像，在動畫領域通常被簡稱為CG。

角色設計師（Character designer）：負責設計單個角色外觀的藝術家。

清稿（Cleanup）：將動畫設計師的草圖進行回描，生成線條簡單明確的圖像。

印刷四色（CMYK）：青、洋紅、黃色以及黑色，是用於四色印刷。

CODEC（編譯）：多媒體數位信號編碼解碼器，用來壓縮影片檔的大小，使其能夠上傳到網上。影片接收方的機器上需要安裝特定的播放器，電腦才能進行解碼，從而播放電影。

合成（Compositing）：將動畫作品或不同圖層的特效元素合併到一起。

數位描線與上色（Digital ink and paint）：使用電腦對動畫設計師的圖樣進行謄寫和上色的過程。

導演（Director）：在製作整部動畫作品的過程中，負責決定從攝影機角度到音軌所有元素的創意總監。

Dope sheet：參閱"攝影表"。

二拍（Doubles）：製作2D動畫或3D動畫時同時拍攝一張圖像的兩格的過程。

DV：數位視頻。

DV Camera：數位攝像機。

數位化視頻光碟（DVD）：能夠存儲大量資料的光碟，通常用於電影製作。

動態軟體（Dynamics）：類比軟體，可以生成動畫圖像，用來表現自然運動，比如液體流動等。同時也可以用於類比人物動作或群景圖像。

攝影表（Exposuresheet）：一種記錄所有鏡頭和圖樣資訊的圖表，一格圖像對應一張攝影表。

安全框指示（FieldGuide）：用高濃度醋酸纖維製成的打孔紙，用來標示所有標準視野的大小。放置在作品上的時候，能夠劃分出動作發生的區域和位置。

Flash：由Adobe公司開發的電腦軟體，用來生成向量動畫作品。

格（Frame）：一個序列中的單張圖像。如果將這個序列快速播放的話，每格圖像的播放時間是1/24秒，也可以說播放的速度是24格每秒。但是，如果檔格式不同，播放的速度也不同。例如，電影是24格每秒，PAL視頻是25格每秒，而NTSC格式的視頻則是29.97或30格每秒。

圖形交換格式（GIF）：用於圖像顏色少於256的圖像，適用於粗體圖像。

繪圖板（Graphics tablet）：一種電腦輔助設備，使用者可以使用類似鋼筆一樣的工具，進行繪圖或書寫，就像在紙上一樣。

地理座標網（Graticule）：參閱 "安全框指示"。

灰階影像（Grayscale）：包含色調梯度中所有灰色的黑白圖像。

HD：高清視頻，比標準視頻的解析度要高。高清視頻的顯示解析度是1280×720像素（720p），或者是1920×1080像素（1080i/1080p）。

清稿（Inking）：將進行清除處理過的圖像謄寫到賽璐珞的正面，用於畫圖。

鋸齒狀圖形（Jaggies）：電腦生成的線條未經反鋸齒處理之前邊緣參差不齊的圖形。

JavaScript ：SunMicrosystems公司開發的跨平臺式的電腦語言。通常用於為網頁增添互動效果。

JPEG：用來存儲數位圖像檔的一種格式，這種格式的檔佔用的空間較小。

關鍵格（Keyframe）：表現某個動作的極限狀態，或是呈現動畫作品中主要動作的圖像。

圖層（Layers）：層層疊加起來的賽璐珞，包含了同一格圖像的不同元素。同樣也是在軟體程式中生成的。

設計稿工作人員（Layoutartist）：負責鏡頭構圖的設計人員。

首席動畫師（Leadanimator）：整個動畫製作團隊的負責人，負責處理關鍵格。

透寫台（Lightbox）：頂層是玻璃的盒子，裡面放著強烈的光源。動畫設計師會使用這種工具來處理作品。

線譜測定或紙筆測驗（Linetestorpencil test）：動畫製作人員將粗略的底稿進行數位化處理，然後在進行清除處理或3D動畫製作之前重新回顧，檢查動畫片的時間軸是否正確。

口形同步（Lip-synch）：讓角色的口形和已經錄好的音軌對應的過程。

真人實景電影（Liveaction）：使用真正的演員和角色拍攝的電影。

初步設計的模型（Maquette）：角色的小型模型，或3D輔助模型。

遮罩繪影師（Mattepainter）：專門製作用於3D場景背景的2D圖像的背景藝術家。

兆像素（Megapixel）：1000像素，用來描述數位相機的清晰度。

樂器數位介面（MIDI）：用於將合成器與電腦連接，從而進行排序記錄的行業標準。

動態捕捉（MoCap）：通過在演員身上安裝感應器將對應的座標輸入電腦程式，從而準確捕捉人物動作的方法，這種方法通常用於3D程式。

模型板（Modelsheet）：動畫製作人員用來比對角色外觀是否前後一致的參照板。上面包含一系列圖像，顯示角色相對於其他角色及物品的比例關係，同時也表現了從不同角度觀察角色，以及角色帶有不同面部表情時呈現的細節。

NTSC ：美國以及加拿大使用的電視及視頻格式。

洋蔥皮（Onion-skinning）：看到下層圖層的動畫姿勢並且比對圖像的能力。

運行系統（OS）：電腦中使軟體和硬體能夠配合工作的部分。兩種人們熟知的運行系統是Microsoft Windows和MacOS。

PAL ：歐洲、澳洲和亞洲使用的電視及視頻格式。

搖鏡（Panningshot）： 一種把攝像機放置在某個固定位置，然後通過轉動攝像機跟拍整個行動過程或拍攝整個場景的鏡頭運動方式。

音素（Phoneme）： 臺詞中的語音元素，幫助動畫製作人員為了實現口形同步，繪製正確的口形。

像素（Pixel）： 數位圖像的最小單位，形狀通常為正方形。一個像素由大量的有色光方塊組成，將這些方塊組合最終構成了圖像。

外掛（Plug-in）： 一種可以為另一個程式增添額外功能或性質的軟體。

製作前期（Pre-production）： 電影或動畫片在真正拍攝開始之前的準備階段。

原始圖形（Primitives）： 3D軟體使用的基本圖形（立方體、球體、圓柱體、圓錐體）。

QuickTime： 蘋果電腦公司開發的一種電腦視頻格式。

QuickTime虛擬實境（QTVR）： QuickTime的一個元件，用於在電腦或網路上製作或觀看360°的互動景象。

隨機記憶體（RAM）： 電腦記憶體中能夠在處理前後，且資料尚未寫入硬碟時立即存儲資料的部分。

光線追蹤（Raytracing）： 算圖引擎通過從光源發射虛擬光線，從而讓虛擬光線從場景中的物體反射回來，形成圖像的方法。

註冊事項（Registration）： 不同等級的作品

按照精准的相互關係排列而成的集合。

算圖（Render）： 通過3D資訊來創建2D圖像或2D動畫作品。

三原色，紅、綠、藍（RGB）： 電腦和電視顯示幕使用的基本顏色，正是由這三種顏色組成了我們在螢屏上看到的全部顏色。

Screenplay，劇本（Script）： 電影中的對白以及說明。

場景擴展（Setextension）： 通過數位程式擴展真實場景，從而製造視覺特效的方法。

展示卷帶（Showreel）： 刻錄在錄影帶、光碟或數位化視頻光碟上帶影像的作品集。

定格動畫（Stop frame or stop motion）： 通過移動模型，逐格拍攝完成的動畫作品。

Storyreel： 參閱"Animatic（樣片）"部分。

分鏡腳本（Storyboard）： 分鏡腳本是用連續的小幅動畫圖像來　述關鍵情節，同時伴有描述動作以及聲音的字幕性質的描述文字。

串流影像（Streamingvideo）： 以壓縮格式上傳到網上的動態圖像，觀看者可以隨時觀看。網路用戶無需下載一個大檔就可以觀看的視頻。

紋理貼圖（Texture map）： 用來供給3D物體紋理的2D圖像。

Tiff： 標籤圖像檔格式，用於算圖無損點陣圖

的圖像檔。

時間軸（Timeline）： 軟體中的一個部分，按照時間或格的順序來展示動畫作品中的事件和物品。

推拉鏡頭（Track）： 攝影機劃過整個場景的電影鏡頭運動方式。

製作中間格（Tweening）： 製作動畫作品中關鍵格之間的中間格或中間圖像。

USB： 一種高速連接器，用來將輔助設備（例如數位相機、硬碟、掃描器或錄音硬體）中的電子資料高速下載到電腦上。

向量（Vector）： 在電腦上通過數學計算所創建的線條。

向量動畫（Vectoranimation）： 使用向量創建的圖像製作的動畫，這些動畫的特徵是解析度不受限制，所以可以調整成任何大小，而不影響圖像的品質。

表情映射（Visemes）： 和音位對應的口形。

頂點（vertex）： 3D模型上的控制點，是兩條框線交匯的地方。

線框圖（Wireframe）： 用線條和頂點來顯示3D物體結構的圖像。

網際網路（World Wide Web）： 網路的圖像介面，通過使用瀏覽程式在電腦上觀看。

資源

雜誌、期刊和網站
Animation Magazine
www.animationmagazine.net
Animation World Network (AWN)
www.awn.com
Imagine www.imagineanimation.net
FPS Magazine www.fpsmagazine.com
3D World www.3dworldmag.com

資料和供給
Chromacolour
www.chromacolour.co.uk/
www.chromacolour.com
Cartoon Supplies
www.cartoonsupplies.com
Paper People
www.paperpeople.co.uk

軟體
Autodesk (makers of Maya, 3DS Max,
Mudbox, and Maya Composite)
www.autodesk.co.uk
http://usa.autodesk.com

Daz3D (free download for modeling and
animation)
www.daz3d.com

Toon Boom (makers of Storyboard Pro,
Animate, and Animate Pro)
www.toonboom.com

Adobe (makers of Flash, After Effects,
and Premiere)
www.adobe.com

Stop Motion Pro
www.stopmotionpro.com/

數位動畫課程（北美）
Sheridan
www.sheridanc.on.ca

Vancouver Film School
www.vfs.com

California Institute of the Arts (Cal Arts)
Valencia, CA USA
www.calarts.edu

Savannah College of Art & Design
Savannah, GA USA
www.scad.edu

Ringling School of Art & Design
Sarasota, FL USA
www.ringling.edu

Rhode Island School of Design
www.risd.edu

網上課程
Animation Mentor
www.animationmentor.com

動漫節和會議
Ottawa International Animation Festival
http://ottawa.awn.com/

Annecy International Animated Film
Festival and Market
www.annecy.org

Bradford Animation Festival
www.nationalmediamuseum.org.uk/baf/

London International Animation Festival
www.liaf.org.uk

Animated Exeter
www.animatedexeter.co.uk

Animex
http://animex.tees.ac.uk

Hiroshima Animation Festival
http://hiroanim.org/

FMX
www.fmx.de

Festival of International Animation
Stuttgart
www.itfs.de/en/

Holland Animated Film Festival
http://haff.awn.com/

World Festival of Animated Film Zagreb
www.animafest.hr/en

Siggraph
www.siggraph.org

組織機構
ASIFA The International Animation
Association
http://asifa.net/

Skillset
http://www.skillset.org/animation/
.

索引

致謝

Quarto在此感謝以下個人和團體，感謝他們爲本書所提供的圖片。

p.9 Claire Underwood/Pesky, p.10 Monica Kendall, p.11 Ian Friend, p.15tl Lumier Brothers, Wönky Films, p.18, 19bl, 19tr RKO / THE KOBAL COLLECTION, 20TH CENTURY FOX / THE KOBAL COLLECTION / GROENING, MATT, MTV/NICKELODEON / THE KOBAL COLLECTION, p.19tl Spore © 2009 Electronic Arts Inc. All Rights Reserved, p.20t © Hulton-Deutsch Collection/CORBIS, p20b REMY (Remy) RATATOUILLE, DISNEY/Allstar Collection, p.21, 41b, 57 Vincent Woodcock p.24, 41t, 42, 56 Claire Underwood/Pesky, p.28, 128 Chris Drew, p.30–31 Ooglies © MMIX, p.35t, p.40 Leigh trixibelle, 42tl&r Nafi Nizam, p.40bl Foo Foo © The Halas & Batchelor Collection Ltd, p.43b Manga Entertainment Ltd. All Rights Reserved. AKIRA © 1987, AKIRA Committee. Produced by AKIRA Committee/Kodansha, p.46 2D and not 2D, Paul Driessen. Photo used with the permission of the National Film Board of Canada,p.49tl Len Lye, Film still from Colour Flight, 1938. Image Courtesy Len Lye Foundation, Govett-Brewster Art Gallery and the New Zealand Film Archive, p.49tr Norman McLaren, Photo used with permission of The National Film Board Canada, p.49b PARAMOUNT / THE KOBAL COLLECTION, p.50b, 51bl Linda McCarthy ©, p.51t Nexus Productions Limited, p.51br Tim Searle, Triffic Priductions © 2007 Triffic Films, p53tl © 2009 DECODE Entertainment Inc., p.55, 92–93 Monica Kendall, p.60 Pixel Pinkie © 2008 Film Finance Corporation Australia Ltd. Tasmania and Resources and Blue Rocket Productions Pty Limited, p.71 Nick Mackie, p.77tl METRO / THE KOBAL COLLECTION, p.77tr © Silver Fox Films/Classic Media, p.90 Muybridge/Dover Publications, p.100–101, 113, 122–123 Ian Friend, p.108–109 Jay Clarke, p.120b ANTOINETTE, DESPEREAUX & LESTER, THE TALE OF DESPEREAUX, UNIVERSAL/Allstar Collection, p.125 Coral Mula, p134t BLUE SKY/20TH CENTURY FOX / THE KOBAL COLLECTION, p.135t Ottowa International Animation Festival © 2008, www.animationfestival.ca.

The author would like to send special thanks to all the artists who contributed artwork to this book, in particular Nick Mackie (www.shufti.co.uk) for allowing him to use one of his short films as a case study. He'd also like to thank Kathy Nicholls, Georg Finch, and Chris Harris at Supersonics Productions in Toronto (www.supersonicsprod.com), Alan Gilbey (www.alangilbey.com), Keith Wickham (www.keithwickham.com), and Mark Mason (www.markmasonanimation.co.uk).

Check out the author's own website on www.eggtoons.co.uk.

While every effort has been made to credit contributors, Quarto would like to apologize should there have been any omissions or errors, and would be pleased to make the appropriate correction for future editions of the book.